마리안네의 일곱 계절 정원 일기

일러두기

① 이 책은 절판된 《내 아버지의 정원에서
  보낸 일곱 계절》(나무도시, 2013)의
  복간 증보판입니다.
② '선큰정원' 등 일부 단어는 외국어표기법을
  따르지 않고 일반적으로 사용하는
  발음 또는 원어 발음 그대로 표기했습니다.
③ 식물 이름은 국가표준식물목록
  (http://www.nature.go.kr/kpni/index.do)을
  기준으로 했으나, 일부 식물 이름은 라틴어
  학명이나 번역자가 정한 한글 이름으로
  표기했습니다. 품종명의 경우 원어 이름을
  그대로 두고, 필요한 경우 괄호 안에
  그 의미를 함께 표기했습니다.

# 마리안네의
# 일곱 계절 정원 일기

글. 마리안네 푀르스터
사진. 페르디난트 그라프 루크너
번역. 고정희

목수책방
木水冊房

마리안네 푀르스터가 가을빛이 깊이 물든 선큰정원 벤치에서 햇살을 즐기고 있다. 선큰정원 네 곳에 순백색 고급 티크제 벤치가 배치되어 있는데, 겨울에는 집안으로 들여 보관한다.

## 차례

| | |
|---|---|
| 8 | 옮긴이의 글 |
| 20 | 발행인 서문 |
| 22 | 정원디자이너 마리안네 푀르스터 |
| 38 | 저자 서문 |
| 46 | 보르님 정원의 어제와 오늘 |
| 66 | 칼 푀르스터 연혁 |

### 보르님의 일곱 계절 정원 일기

**70 초봄 : 2월 말에서 4월 말까지**

- 73 봄을 기다리며
- 76 부활절에 돋아난 첫 단풍잎
- 76 봄길에 시작된 꽃의 행렬

**82 봄 : 4월 말에서 6월 초까지**

- 86 봄 교향곡에 섞인 작은 북소리
- 86 구근식물들이 펼치는 색의 잔치가 시작되다
- 89 선큰정원에 가득한 봄기운
- 91 모란, 슐레지엔에서 온 귀한 손님
- 95 볼프강이라 불린 금붕어
- 95 보르님 정원의 동물들
- 100 잘라 주어야만 하는 것들
- 103 만병초 미인들
- 103 일찍 꽃을 피우는 관목장미들
- 104 꿈처럼 매일 변신하는 정원
- 107 색의 삼화음
- 111 이제는 여름이 와도 좋다
- 113 나팔꽃 작전
- 114 대형 화분의 전통을 이어 가다

**118 초여름 : 6월 초에서 6월 말까지**

- 122 장미는 언제 보아도 기쁘다
- 125 장미의 기사에 관하여

126 시심 가득한 신세대 장미 기사들
129 살비아의 전성시대
137 아버지의 비비추 사랑

## 140 한여름 : 6월 말에서 8월 말까지

147 언제나 환영, 정원을 찾아온 사람들
153 한여름의 정원 관리
155 8월은 선물이 가장 많은 달
161 노루오줌, 그늘에 가려진 보물
164 풀협죽도의 향기
168 파란 풀협죽도를 찾아서
171 연못, 모두 궁금해하는 곳
175 태양의 신부는 키가 너무 크지 않아야

## 180 가을 : 8월 말에서 11월 초까지

183 세계적으로 명성을 떨친 보르님 품종
184 두더지와 물밭쥐에 관하여
188 해마다 커지는 그늘
194 첫서리의 매력
197 새신랑 새색시 인사드립니다
198 가을정원의 프리마돈나들
204 가을의 마법
209 정원 애호가들에게는 힘든 시간
211 육종가 이야기는 늘 흥미롭다

## 214 늦가을 : 11월 초에서 12월 초까지

## 224 겨울 : 12월 초에서 2월 말까지

227 성탄절 장식 만들기
229 겨울잠


236 칼 푀르스터의 색의 삼화음
250 식물 목록

옮긴이의 글

나왔다, 증보판!

마리안네 푀르스터Marianne Foerster, 1931~2010가 보르님 정원에서 매일 써 내려갔던 정원 일기를 정리해 펴낸 이 책의 초판은 2005년에 출간되었다. 영국 사진작가 게리 로저스Gary Rogers, 1938~2021가 2년에 걸쳐 찍은 정원의 사계절 사진을 책에 실었다. 마리안네의 정원 일기는 독일에서 곧 베스트셀러로 부상했고, 이듬해 2006년에는 독일정원가협회 우수도서상도 받았다.

 2013년 순천만국제정원박람회에 독일정원이 조성된 것을 계기로 한글 번역판을 냈다. 그런데 수년 전부터 책이 절판되어 구할 수 없다는 독자들의 문의를 많이 받았다. 하지만 그간 국내 출판 시장의 형편이 좋지 않아 재출간을 계속 미룰 수밖에 없었다. 그러는 사이 2024년 3월, 독일에서 증보판이 나왔다. 더 이상 미루고 있을 수 없어 안타까워하던 중 마침 행운의 여신이 나타났다. 목수책방에서 선뜻 손을 내밀어 주어 한글 증보판이 나올 수 있게 되었다.

 그사이 많은 것이 변했다. 저자 마리안네 푀르스터도, 초판의 사진작가 게리 로저스도 이미 고인이 되었다. 물론 정원의 모습도 많이 변했다. 특히 기후변화 때문에 큰 어려움을 겪고 있다. 더 이상 칼푀르스터정원의 마법이 완전히 사라지기를 기다릴 수 없어 프레스텔Prestel 출판사에서 증보판을 내기로 결정하고, 사진작가 페르디난트 루크너 백작Ferdinand Graf von Luckner을 섭외하여 사진을 모두 새로 찍었다. 이번 증보판이 '정원디자이너' 마리안네에게도 초점을 맞추어 그녀의 정원 작품 두 점을 소개하는 지면을 새로 추가했다는 사실이 더욱 뜻깊다. 이를 시작으로 앞으로 마리안네의 작품을 좀 더 많이 접할 수 있게 되었으면 하는 바람이다.

 게다가 마리안네가 종종 언급하는 '색의 삼화음'이 무엇인지 그 비밀도 부록에서 밝혀진다. 어디 그뿐이랴, 이번 한글 증보판에서는 보르님 정원의 일곱 계절별 식물 이름국명, 학명을 책 말미의 '식물 목록'에 따라 정리했다자세한 내용은 옮긴이의 글 중 '식물의 이름' 부분 참고.

마법의 정원에서 만난 여인

1997년 봄, 마리안네 푀르스터를 처음 만났다.
 포츠담에서 2001년 독일연방정원박람회가 열릴 예정이었고, 이를 기해 포츠담

시에 속해 있는 보르님 마을의 칼푀르스터정원도 함께 전시하기로 했다. 포츠담시가 자랑하는 정원문화재이니 당연한 일이었다. 이에 따라 정원도 새로 단장할 필요가 있어 정원 복원계획이 수립되었다. 그때 내가 일하고 있던 설계사무소의 마틴 소장이 포츠담 출신이었고, 칼푀르스터재단이사회장이었기 때문에 우리 설계사무소에서 복원설계를 맡게 되었다. 마틴 소장은 나와 동료 피르민에게 그 일을 맡겼다. 그 유명한 칼푀르스터정원의 복원설계를 맡다니, 가슴이 두근거렸다. 독일에서 정원 일을 하는 사람들에게 칼 푀르스터Karl Foerster는 전설적인 존재였고, 그가 100년 전에 포츠담 보르님 마을에 지은 정원은 순례지였다. 다만 포츠담이 동독에 속했기 때문에 학창시절에는 갈 수 없었다. 통일이 되고 나서 상황이 급변한 것이다.

화창한 봄날 동료와 함께 보르님 마을로 향했다. 우선 정원의 식물과 시설 현황을 모두 파악하고 실측하기 위해서였다. 보르님 정원★은 전체가 6600제곱미터$^{2000평}$ 남짓한 규모. 정원 정중앙에 푀르스터 가족이 살던 3층집이 서 있고, 집 정면에 약 1320제곱미터$^{400평}$ 규모의 반듯한 선큰정원이 펼쳐진다. 집 후면에는 선큰정원과 거의 같은 크기의 암석정원이 있다. 선큰정원-집-암석정원이 기본 축을 이루고 그 주변을 봄길, 자연정원, 가을정원이 감싸고 있다. 칼 푀르스터는 1911년에 이 정원을 처음 조성할 때부터 정원의 여러 개념을 보여 주기 위해 테마별로 공간을 나누어 놓았다. 뒤편 암석정원이 끝나는 곳에서 넓은 들판이 이어지는데, 거기에 '푀르스터 숙근초 재배장Foerster Stauden'이 자리 잡고 있다★★.

정원의 사방에는 짙은 교목이 둘러서서 배경을 이루고, 그 앞쪽으로 갖가지 꽃 피는 관목들이 가지를 활짝 펴고 서 있다. 교목과 관목의 보호를 받는 안쪽 공간에는 수백 종의 숙근초가 앞서거니 뒤서거니 층을 이루며 서로 기대어 자란다. 선큰정원의 가장 낮은 곳 한가운데에는 작은 수련 연못이 있는데, 그 앞에 단풍나무 한 그루가 비스듬히 서서 동양화를 그리고 있다. 이곳이 정원의 심장이다. 마치 이 연못 주변 단풍나무의 지휘에 따라 수백수천의 꽃이 아름다운 목소리로 화음을 만들어 내는 듯, 꽃들의 합창이 사시사철 들려오는 곳이다. 목소리 없는 꽃이 시끄러울 수도 있음을 느끼게 하는 곳이다. 여기서는 어떤 작은 꽃이라도 당당하게 제자리를 차지하고

---

★
공식 명칭인 '칼푀르스터정원'이라 해야겠지만 '보르님 정원'이라고 많이 불리고 있고 발음이 더 부드럽기 때문에 이 책에서는 '보르님 정원'이라 부르겠다.

★★
칼 푀르스터가 설립한 업체인데, 주인은 바뀌었지만 같은 이름으로 운영되고 있다.

큰 꽃들과 어울려 '하모니'를 이루며 살아간다. 모든 꽃이 기쁨에 겨워 활짝 웃고 있는 곳이다. 그 웃음이 색이 되고 향기가 되어 보는 사람들의 옷에, 손에 그리고 마음에 묻어나는 곳이 보르님 정원이다. 꽃만을 위한 세상도 아니고 사람이 중심이 되는 세상도 아니다. 정원 한가운데에 서면 사람도 꽃이 되고 꽃도 사람이 되는 이상한 마법의 나라다.

이렇게 정원에 마법의 주술을 걸어 놓고 홀연히 '서천꽃밭<sup>한국 신화에 등장하는 이승과 저승의 경계에 위치한 꽃밭</sup>'으로 떠나간 정원의 마법사 칼 푀르스터는 숙근초, 즉 꽃 피는 여러해살이풀들을 일컬어 "우주의 섭리를 문득문득 엿볼 수 있게 해 주는 천상의 존재"라 했다. 이들을 세상에 널리 보급하려는 의도로 숙근초 육종·재배장을 짓고 거기서 재배한 식물들을 정원에 직접 심어 이들이 공간에서 어떻게 살아가고 어떤 방법으로 그 아름다움을 펼치는지 직접 보여 주었다. 정원 문이 사시사철 열려 있어서 누구나 해 뜰 때부터 해 질 때까지 마음대로 드나들 수 있게 했다.

정원 한가운데 뾰족지붕을 이고 우뚝 서 있는 마법사의 집에는 그의 딸 마리안네가 혼자 살고 있었다. 그녀의 '악명'을 익히 듣고 있던 터라 그곳에 도착하자 나는 비겁하게도 동료 등을 떠밀어 혼자 인사하러 들어가게 했다. 그는 다행히 마술에 걸리지 않고 무사히 나왔고 우리는 곧 일에 착수했다. 두어 시간가량 봄길을 체크하고 있는데 마리안네가 나타났다. 그녀는 체격이 우람했고, 목소리는 쩌렁쩌렁했으며, 볼이 붉었다. 손에는 Y자형으로 구부린 철사를 들고 있었는데 얼핏 봐도 옷걸이를 펴서 개조한 것이었다. 우리더러 선큰정원 쪽으로 좀 와 보라고 손짓했다. 조금 떨리는 마음으로 가 보았더니 '이게 웬 동양에서 건너온 물건인가' 생각하는 듯 나를 잠시 바라보다 내게 옷걸이를 건네며 그걸 양손에 쥐고 선큰정원과 집 사이에 있는 테라스 위에서 왔다 갔다 해 보라고 했다. 거역하면 개구리로 변신시킬지도 몰라 얌전히 시키는 대로 했다. 그랬더니 어, 이럴 수가! 손에 쥐고 있던 Y자의 갈라진 부분이 바르르 떨며 서로 다가가는 것이었다. 물론 아주 미세한 움직임이었다. 마리안네는 "맞지? 맞다니까"라며 들뜬 목소리로 외쳤고, 온 얼굴에 웃음이 퍼졌다. 알고 보니 테라스 아래로 수맥이 지나간다는 것이었다. 그걸 확인하기 위해 철사를 구부려 들고 다녔는데 <sup>유럽에서는 Y자형의 철사나 나뭇가지로 수맥을 찾는다</sup> 다른 사람들이 통 믿지 않는다고 투덜댔다. 그 모습에서 문득 티 없는 소녀가 느껴졌다. 이렇게 엉뚱한 구석이 있는 마리안네는 그날 우리에게 점심으로 수프를 대접했다.

그날 이후 마리안네와 나는 친구가 되어 많은 시간을 함께했다. 나보다 25년 이

상 손위라 거의 모녀지간에 가까웠지만, 독일에서는 사람 사이에 나이의 많고 적음을 따지지 않는 터여서 친구라고밖에는 표현할 말이 없다. 그녀의 악명이 전혀 근거 없다는 사실은 금세 눈치챘다. 워낙 타고난 다혈질에 에너지 덩어리였고, 직설적 말투가 북한방송 앵커 같아서 사람들에게 많이 오해받았다. 특히 우리 설계사무소의 마틴 소장과 앙숙이었다. 복원계획을 세우는 내내 두 사람 사이의 의견충돌이 끊이지 않아 중간에서 꽤 애를 먹었다. 그러나 마리안네의 마음속은 아주 여렸다. 여림을 감추기 위해 겉으로 와글거리는 것인지도 몰랐다.

그녀는 일요일이면 전화를 걸어 거두절미하고 "아침 먹으러 와" 했고, 성탄절에는 우리 집에 와서 구운 거위요리를 나누어 먹었다. 왈가닥이지만 그녀의 아침 상차림을 보면 좋은 가정교육을 받은 티가 났다. 거실 겸 식당 한가운데 커다란 타원형 식탁이 놓여 있었는데, 거기서 마리안네는 매일 아침 일기장에 날씨를 기록했고, 매일 저녁 정원 일기를 썼다. 정원을 대하는 그녀의 태도는 세심하고 꼼꼼하고 진지했다. 상차림도 그랬다. 수놓은 흰 식탁보와 오렌지 주스, 할머니로부터 물려받은 커피잔 세트, 삶은 달걀이 식지 않게 덮어 놓은 커버까지 세심하게 신경 썼으며, 식탁 한가운데에는 항상 꽃이 꽂혀 있었다. 거실 옆 베란다에는 삼면에 선반이 부착되어 있는데, 이 선반에 약 300개(!)의 꽃병이 진열되어 있었다. 대부분 마리안네의 아버지 칼 푀르스터가 모은 것이고 그녀도 수십 개를 보탰다.

그녀는 아버지가 꽃병 마니아였다고 들려주었다. "꽃 애호가라면 집에 최소한 꽃병 100개 정도는 가지고 있어야 한다"라고 했단다. 아닌 게 아니라 칼 푀르스터는 '꽃병에 대하여'라는 에세이를 써서 꽃병의 미학에서 주거 미학으로, 주거 미학에서 아름다운 토지 이용으로 이야기를 전개해 나가기도 했다.

거실 벽 하나를 거의 다 차지하는 커다란 창문으로 선큰정원을 내다보며, 혹은 정원을 산책하며, 혹은 함께 잡초를 뽑으며 마리안네는 늘 아버지 칼 푀르스터와 어머니 에바 여사 그리고 정원에 관해 이야기했다. 말없이 앉아 있을 때도 많았다. 거실에서 정면으로 내다보이는 선큰정원의 정경이 말을 잃게 하는 순간이 많았기 때문이다. 일곱 계절의 정원이라 불리지만 하루에도 시시각각 빛의 방향에 따라 변하는 모습은 '칠백' 계절의 정원이라고 해야 마땅했다.

평생 독신으로 지낸 탓인지도 모르겠다. 마리안네는 꼭 부모님과 결혼한 사람 같았다. 어머니 아버지는 나이 차이가 20여 년이나 났지만, 세상에 짝하게 소문난 잉꼬부부였고 파트너였다. 그래서 사람들은 두 사람의 이름, 칼과 에바를 합해서 '칼레바'라고 불렀다. 어머니는 본래 성악가였지만 사랑을 따라 기꺼이 정원사가 되었다. 정원 일을 조금 거들어 준 것이 아니라 동료이자 파트너로 남편의 육종사업, 집필 작업에 없어서는 안 될 존재가 되었다. 칼 푀르스터가 1970년에 타계한 후 에바 여사는 그 빈자리를 채워 보르님 정원의 여주인이 되었다. 이로써 보르님 정원을 둘러싸고 형성되었던 정원문화의 맥이 끊어지지 않게 했다.

    어머니도 1996년에 세상을 떠났다. 부모님을 지극히 사랑했던 딸 마리안네는 부모님이 타계한 이후에도 아버지 서재의 메모지, 어머니 흔들의자의 담요까지 생전 그대로 보존했다. 벨기에서 오랜 세월 조경가로 일하다가 연로한 어머니를 간호하고 정원을 돌보기 위해 돌아온 지 몇 년 되지 않았는데, 집으로 돌아온 것이 아니라 과거로 되돌아온 것 같았다. 집이 아니라 박물관이었다. 식물뿐 아니라 동물을 몹시 좋아했던 그녀는 총애하던 고양이, 새 들과 함께 서서히 정원과 일체가 되어 갔다. 그녀도 아버지처럼 정원이 되어 버린 것이다.

## 정원과 함께한 삶

마리안네 푀르스터는 1931년 1월 1일 포츠담 보르님의 자택에서 태어났다. 아버지 밑에서 정원사 교육을 받고 몇 년간 유럽을 돌아다니며 견문을 넓혔다. 아버지 칼 푀르스터는 정원사가 갖추어야 할 소양과 교육 내용에 대해 확고한 견해가 있었다. 5년간 교육을 받고 도제가 된 뒤 10년 이상 실무경력을 쌓되, 한 고장에 머물지 않고 방랑하며 견문과 학식을 넓혀야 한다고 했다. 여러 유형의 자연경관을 두루 접하고 연구해야 하며, 각종 식물원과 재배장을 섭렵하여 폭넓은 지식을 쌓아야 한다고 했다. 그 역시 그렇게 살았다.

    유럽의 여러 지역에서 일하며 경험을 쌓은 마리안네는 정원사로 머물기보다는 정원디자이너가 되어야겠다는 생각을 키웠다. 마리안네가 마지막으로 정착한 곳은 벨기에의 저명한 조경가 르네 페셰르 René Pechère, 1908~2002의 설계사무소였다. 르네 페셰르는 아버지의 절친한 친구였다. 그때는 이미 동서가 갈라졌던 시기였기 때문에 마리안네는 공산주의 치하의 포츠담으로 돌아가고 싶은 마음이 없어 브뤼셀에서 눌러앉아 30년을 살았다. 물론 해마다 휴가 때 집을 다녀갔다. 분단 시절의 독일에서는 일방통행으로 서쪽에서 동쪽을 방문하는 것이 아무런 문제가 없었다. 그녀는 1990년 통일이 된 해에 돌아왔다. 그리고 제3의 인생을 살기 시작했다. 2010년 백혈병으로 세상을 떠날 때까지 마리안네는 단 하루도 정원을 떠나지 않았다.

## 정원의 미래를 위한 선택

후손이 없는 마리안네는 자신이 떠나면 정원이 어떻게 될지 걱정이 많았다. 그런데 고맙게도 그 고민을 해결해 준 사람이 나타났다. 정원 애호가로서 칼 푀르스터를 흠모했던 베를린의 사업가 볼프강 베어 박사Dr. Wolfgang Behr다. 그는 2001년 독일문화재보호재단Deutsche Stiftung Denkmalschutz에 거액을 기증해 '칼푀르스터정원 유산 보존을 위한 신탁재단'을 설립했다. 재정이 마련되었고 무엇보다도 장기적인 보호 체계가 구축되었으니 더 이상 정원의 미래를 걱정하지 않아도 되었다. 마리안네는 집과 정원을 재단에 위탁했다. 그녀 사후에 신탁재단의 명칭이 공식적으로 '마리안네푀르스터재단'으로 바뀌었다. 재단의 기금과 정부 지원금으로 저택도 말끔히 복원하여 푀르스터기념관으로 거듭나게 되었고, 정원 관리 전속팀도 꾸려졌다.

## '내 아버지의 정원' – 마리안네 푀르스터의 마지막 작품

"맞아요. 내 직업은 딸입니다!"
　　마리안네는 정원 방문객들로부터 "칼 푀르스터의 따님이십니까?"라는 질문을 자주 받았다. 몇 년 동안 같은 질문을 받던 마리안네는 어느 날 이처럼 빈정댔고, 그 소문이 곧 일파만파로 번졌다. 그제야 사람들은 마리안네가 유명한 칼 푀르스터의 딸이기만 한 것이 아니라 기성의 조경가, 정원디자이너라는 사실을 상기하게 되었다. 모두 간과하고 있는 사실이 하나 있다. 지금까지도 보르님 정원은 공식적으로 칼푀르스터정원이라 불리지만, 그가 세상을 떠난 지 50년이 넘었기 때문에 그 후의 정원은 아내 에바와 딸 마리안네, 두 여인의 정원이 될 수밖에 없었다. 칼 푀르스터가 60년 동안 공들인 마법의 공간을 아내 에바가 20년, 딸 마리안네가 20년 각각 이어받아 새롭게 채우고 다듬었으므로, '푀르스터 가족'의 정원이라 해야 맞을 것이다. 이는 마리안네가 20년 동안 모든 힘을 다해 완성한 그녀의 마지막 작품이기도 했다.
　　마리안네의 생전에 보르님 정원을 찾은 사람은 결국 마리안네의 정원을 보았던 것인데, 그녀의 정원은 화려하면서도 극히 조화롭고 매우 역동적인 것이 특징이었다. 그녀가 세상을 떠난 지 15년이 지난 지금, 마리안네의 정성과 높은 안목의 혜택을 받지 못하는 정원은 아쉽게도 그 마법이 점점 사라지고 있다. 마리안네푀르스터재단에서 장기적인 관리계획을 수립하여 실천에 옮기고는 있지만, 정원과 식물을 향한 진정한 사랑은 계획서 안에 담을 수 있는 것이 아니다. 아쉽지만 세상에 영원한 것은 없는 듯하다. 정원은 살아 있는 존재라서 사랑을 먹고 산다. 아무리 전문가들이 관리하고 있지만 구석구석 사랑이 미치지 못하는 것은 어쩔 수 없어 보인다.

그럼에도 보르님 정원에는 오늘도 꽃이 피고, 바람이 불며, 새가 지저귄다. 그리고 그 속에는 마리안네 푀르스터의 혼이 조용히 스며들어 있다.

## 식물의 이름

마리안네의 정원 일기가 특별히 더 소중한 것은 보르님 정원에 어떤 식물들이 자라고 있는지 소상히 설명하여 많은 사람의 궁금증을 풀어 주었기 때문이기도 했다. 정말 많은 사람이 쾌재를 불렀다. 그래서 책 속에 식물 이름이 상당히 많이 등장한다. 그중에는 한국에서 볼 수 없는 식물이 꽤 많이 포함되어 있다. 유럽에서는 식물에 관한 책을 쓸 때 늘 학명을 같이 써 주는 것이 관례로 되어 있어서 마리안네 역시 학명을 꼭 같이 써 주었다. 이를 번역하는 과정에서 라틴어로 되어 있는 긴 학명을 그대로 쓰면 책을 도저히 읽을 수 없을 것 같아 국가표준식물목록 www.nature.go.kr/kpni/index.do을 참고해 국명으로 바꾸어 썼다. 학명은 책 뒤 식물 목록에 따로 정리해 넣었다. 국가표준식물목록에 등록되어 있지 않은 식물은 종 이름이 가지고 있는 뜻과 식물의 특징을 헤아려 역자 임의로 번역할 수밖에 없었다.

식물의 이름에 관해 잠깐 추가 설명이 필요할 것 같다. 식물계에서도 서로 소통하기 위해서는 공통의 언어가 필요하다. 다른 분야에서는 주로 영어를 쓰지만 식물 세상에서는 라틴어 학명을 쓴다. 다만 라틴어는 수백 년 전부터 실제로 말하는 사람이 없는 소위 '죽은 언어'이기 때문에, 어떻게 발음해야 하는지 정확히 알고 있는 사람들은 라틴어 학자와 천주교 사제밖에 없다. 그래서 나라마다 자기 언어에 준하여 조금씩 다르게 발음하고 있는 것이 현실이다. 영국 정원사는 영어식으로 독일 정원사는 독일어를 많이 섞어 발음한다. 그렇더라도 서로 알아듣는 데는 별 지장이 없다.

식물을 분류할 때 계, 문, 강, 목, 과, 속, 종으로 나눈다는 사실은 다 알고 있을 것이다. 이중 마지막 두 이름, 즉 속명과 종명 두 개를 나란히 써서 학명을 표기한다. 인명 표기에 성과 이름을 같이 쓰는 것과 마찬가지다. 예를 들어 우리나라의 소나무와 잣나무를 학명으로 쓰면 소나무는 피누스 덴시플로라$^{Pinus\ densiflora}$이며, 잣나무는 피누스 코라이엔시스$^{Pinus\ koraiensis}$가 된다. 물론 식물학적으로 더 정확을 기하자면 '*Pinus densiflora* Sieb & Zucc.'라고 써서 처음 명명한 식물학자들의 이름을 영원히 기릴 수도 있겠지만, 식물학을 전공하지 않는 한 그렇게까지 할 필요는 없다. 이렇게 학명을 쓰게 되면 물론 유식해 보이기도 하지만, 소나무와 잣나무가 같은 가문에서 나왔다는 사실을 알게 된다는 장점도 있다.

    정원식물의 경우는 문제가 조금 더 복잡하다. 속명과 종명만으로 구분이 되지 않는 비슷한 것들이 너무 많기 때문이다. 지난 100년이 넘는 시간 동안 정원식물의 개량법과 육종법이 크게 발전하면서 새로운 품종이 마구 쏟아져 나왔고, 지금도 거의 매일 신품종이 나오고 있다. 식물을 육종한다는 것은 전혀 없던 식물을 새로 만들어 내는 것이 아니라 같은 종 안에서 조금 성격이 다르게 개량하는 일에 불과하다. 꽃 색이 조금만 달라도 다른 식물로 간주하여 새 이름을 붙이는 것이다. 새 이름을 붙인다고 해서 성과 이름을 다 바꾸는 것이 아니라 일종의 별명, 즉 품종명을 끝에 붙여 준다. 육종한 사람에게 이 품종명을 정할 권한이 있다. 이제 식물 이름은 두 개의 단어가 아니라 세 개의 단어로 더 길어진다. 한국에서 개발되어 현재 전 세계적으로 각광을 받는 '미스김라일락'이 좋은 예일 것이다. 이걸 학명으로 바꾸면 *Syringa patula* 'Miss Kim'이 된다. 시링가 가문의 파툴라 항렬 중에서 '미스김'이라는 미인이 나온 것이다. 이때 품종명은 작은따옴표 안에 넣어 구분한다. 일반 수목과 달리 관상용 식물 중에는 이렇게 세 번째 이름을 가지고 있는 것들이 많다. 초기에는 신품종이 나오면 왕이나 영주에게 바쳐 그들의 이름을 따서 붙이기도 했고, 육종가 본인의 이름이나 가족 이름, 연인의 이름을 붙이기도 했다. 독일의 경우는 '신품종관리법'에 따라 개발한 사람이 신품종을 등록하면 30년간 재배·유통 전매권을 소유한다. 바로 이 경제적인 매력 때문에 신품종에 자기 도장을 찍는 것이 중요하다.

꽃 하나에 이야기 하나

칼 푀르스터는 본업이 숙근초 육종가였다. 평생 총 362종의 신품종을 만들었으나 사람 이름을 붙이는 것에는 반대했다. 아내와 딸의 이름을 따서 각각 하나씩, 그리고 가장 좋아하는 시인 괴테와 가장 좋아하는 화가 뵈클린의 이름을 딴 것 하나씩을 제외하면 사람 이름을 붙인 것이 없다. 식물은 고유의 세계를 갖고 있는데 어째서 사람

이름으로 부르는지 이해하지 못했다. 그와 마찬가지로 본인이 육종한 식물을 하나도 등록하지 않았다. 식물은 모든 사람에 속한 것이니 내가 독점할 수 없다고 했다. 내가 새로운 식물을 만든 것이 아니라 다만 식물이 거듭날 수 있도록 도와준 것에 불과하다고 말했다.

그리고 그 특유의 뛰어난 언어 감각으로 식물의 '느낌'에 따라 이름을 붙여 주었다. '먼 산의 하늘', '산사의 종소리', '마왕', '무도복', '폭염', '환호' 이런 식이었다. 이름만 들어도 이야기가 연상된다. 어느 여류 작가의 표현에 의하면 "꽃 하나가 산문 한 편"★이었던 셈이다. 이렇게 아름다운 이름을 접하게 되자 그의 동료들도 따라 하고 싶은 생각이 들었음은 물론이다. 그 이후로 품종명에서 사람 이름이 서서히 사라지고 산문이나 시적인 이름으로 대체되기 시작했다.

이렇게 작은따옴표 속에 들어간 품종명은 고유명사이므로 사실은 그대로 써 주는 것이 원칙이다. 독일어면 독일어, 프랑스면 프랑스어 그대로 불러 주어야 한다. 예를 들어 독일어로 'Maigold'라고 하는 장미가 있는데, 이것을 'Maygold'라는 영어식으로 부르면 다른 품종이 되어 버린다. 그러므로 본문에 나오는 그 수많은 독일 품종 이름을 어찌할 것인가 고민하지 않을 수 없었다. 위의 '먼 산의 하늘', '산사의 종소리', '마왕', '환호' 역시 모두 독일어로 되어 있는 것을 일단 임의로 번역한 것이다. 이걸 독일어로 그대로 표기하면 책을 읽는데 상당히 불편해질 것 같았다.

심사숙고 끝에 다음과 같은 결론을 내렸다. 요즘은 초등학생도 영어를 하는 시대이므로 품종명이 영어로 된 것은 어색한 한글 발음으로 옮기지 않고 영어를 그대로 두는 것이 마땅해 보였다. 예를 들면 'Beauty of Livermeer'. 독일어나 그 외의 언어로 되어 있는 품종의 경우 역시 원어 이름을 그대로 쓰고 옆에 작은 글씨로 뜻을 옮겨 적었다. 예를 들면 제비고깔 'Tempelgong산사의 종소리. 이걸 학명으로 쓰면 *Delphinium elatum* 'Tempelgong'이지만 *Delphinium elatum*은 제비고깔이라는 국명으로 바꾸어 쓰고 품종명만 별도로 원어를 써 주는 방식을 취한 것이다. 이것을 도식적으로 표현하자면 다음과 같다:

---

★
독일의 소설가 레나테 파일Renate Feyl은 1994년에 마리안네의 할아버지였던 천문학자 빌헬름 푀르스터 전기를 쓰기 위해 보르님의 집을 방문했다. 그리고 "집을 찾으러 갔다가 정원을 발견했다. 수백의 꽃향기 한가운데에 내 마음을 내려놓았다. 꽃 하나하나가 한 편의 산문처럼 피어나고 있었다"라고 썼다.

| *Delphinium* | *elatum* | 'Tempelgong' |
|:---:|:---:|:---:|
| 속명屬名 | 종명種名 | 품종명品種名 |

제비고깔⁽국명⁾ 'Tempelgong산사의 종소리'

좀 복잡할지라도 이것이 최선으로 여겨졌다.
이제 마리안네를 따라 일곱 계절의 정원 속으로 떠나볼 준비가 된 것 같다.

2025년 가을<br>베를린에서 고정희

옛 사진을 바탕으로 복원한 장면이다. 조형물 옆에 있는 노란색 띠를 두른 아가베Agave와 푀르스터가 육종한 유명한 제비고깔 품종 'Morgentau아침 이슬'과 'Tempelgong산사의 종소리'가 아련하다.

발행인 서문

꿈을 실현하고자 한다면
누구보다 깨어 있어야 하고
깊이 꿈꾸어야 해!

정원은 끊임없이 변한다. 정원문화재인 포츠담 보르님의 칼푀르스터정원도 예외는 아니다. 2010년 3월, 이 특별한 정원을 오랫동안 지켜 온 마리안네 푀르스터가 세상을 떠났다. 그녀의 깊은 지식과 존재감은 많은 정원사와 식물 애호가에게 여전히 그리움으로 남아 있다.

마리안네는 포츠담 문화재관리국과 함께 미리 대책을 마련해 두었다. 후손이 없던 그녀는 푀르스터 가족의 자택과 정원을 보존하기 위해 재단 설립을 추진했다. 이후 베를린의 사업가 볼프강 베어 박사의 기금으로 2001년 마리안네푀르스터재단이 설립되었고, 독일문화재보호재단에 운영을 신탁했다.

나와 마리안네는 1990년대부터 오랜 친구 사이였다. 2003년 여름, 내가 '내 아버지의 정원에서 보낸 일곱 계절'이라는 제목으로 책을 써 보라고 제안했다. 마리안네는 며칠 생각한 뒤 승낙했고, 영국 정원 사진작가 게리 로저스가 협력하여 2005년 봄에 출간한 책은 곧 베스트셀러가 되었다.

마리안네가 세상을 떠난 후, 약속대로 독일문화재보호재단이 주택과 정원을 맡아 푀르스터 가족의 유산을 보존하게 되었다. 1910~1911년 원형에 따라 주택이 복원되었으나, 기후변화의 영향으로 정원 관리는 점점 어려워졌다. 이에 마리안네의 책 재출간이 결정되었다. 원문은 그대로 유지하되, 선큰정원, 봄길, 가을정원, 저택과 암석정원의 변화된 모습을 담기 위해 2021년 사망한 게리 로저스 대신 페르디난트 루크너 백작이 새 사진을 찍고 프레스텔에서 출판을 맡았다.

2024년 3월, 포츠담에서
발행인 울리히 팀 Ulrich Timm

# 정원디자이너 마리안네 푀르스터

© Marianne-Foerster-Stiftung

마리안네 푀르스터는 숙근초 사이에서 태어났다고 해도 과언이 아니다. 정원에서 만나는 숱한 사람, 소풍 길에서 만난 자연과 나누는 대화, 특히 숙근초 육종에 관한 이야기가 그녀의 일상을 채웠다. 그녀의 아버지 칼 푀르스터는 꽃이 오래 피는 숙근초를 LP 레코드에 비유했지만, 사실 숙근초 육종에 관한 그들의 끝없는 대화도 그에 못지않게 계속 돌아가는 레코드판 같았다.

마리안네에게는 아버지가 최고의 스승이었다. 그의 영향으로 그라스와 숙근초의 매력에 빠져들었고, 떨기나무관목의 아름다움을 발견했으며, 동식물이 조화롭게 어우러지는 원리를 배웠다. 그녀는 아버지와 나눈 깊은 대화 속에서 식물 세계의 신비를 체험했다. 어린 시절 봄길이나 선큰정원을 가득 메운 꽃들 사이를 누비며 정원 일을 돕는 순간이 그녀에게는 가장 행복한 시간이었다.

아버지의 사업체에서 정원사 교육을 받은 것은 그녀에게 자연스러운 행보였다. 정원사 자격증을 따고 나서 2년간 도제로 근무하며 식물 지식을 심화했다. 그리고 스웨덴과 스위스로 가서 수목과 그 적용법에 관해 더 깊이 배웠다.

1957년 초부터 마리안네는 정원·식재디자이너로서 날개를 펴기 시작했다. 어느 날 벨기에의 저명한 조경가 르네 페셰르가 독일의 동료 조경가 헤르만 마테른 Hermann Mattern, 1902~1971에게 젊은 조경가를 추천해 달라고 부탁했다. 태어났을 때부터 마리안네를 가까이에서 지켜보았던 마테른은 그녀에게 의사를 물었고, 마리안네는 망설임 없이 수락했다. 최소 1년은 머물러야 한다는 조건이었는데, 그 1년이 30년이 되었다. 그동안 실무 위주로 경험을 쌓아 온 마리안네가 대규모 프로젝트에 참여할 기회를 얻게 된 것이다. 수습 기간을 속성으로 마치자 특별한 과제가 주어졌다. 1958년 벨기에 브뤼셀에서 '더 인간적인 세상을 위한 작업'이라는 주제로 열린 세계박람회장의 전체 조경을 페셰르가 맡았고 마리안네는 식재디자인을 담당했다.

마리안네의 식물 감각

마리안네는 세계박람회 프로젝트를 성공적으로 마친 뒤 여러 개인정원과 공공정원 디자인에 참여할 수 있었다. 벨기에에서 매우 바쁜 시절을 보냈어도 부모님과는 늘 긴밀히 연락하며 지냈다. 포츠담이 동독에 속했지만, 가족 방문은 허용되었기 때문에 보르님에 자주 다녀올 수 있었다. 그 덕에 아버지가 새로 육종한 숙근초, 새로 집필한 책을 꾸준히 살필 수 있었다. 1981년 카셀에서 연방 정원박람회가 개최되었을

칼 푀르스터가 육종한 감국<sup>Chrysanthemum × hortorum</sup> 계열의 'Herbstrubin'. '가을 루비'라는 이름에 손색없는 검붉은 꽃이 11월 중순부터 피기 시작한다.

도깨비부채<sup>Rodgersia podophylla</sup>,
지중해대극 울페니아<sup>Euphorbia characias ssp. wulfenii</sup>,
알리움 'Globemaster'.

때 '칼푀르스터정원' 설계에도 참여했다. 그 많은 숙근초 중에서 적절한 것을 선발하여 전시정원에 최적의 상태로 배치해 달라는 주문을 받았는데, 아버지가 육종한 숙근초라면 훤히 알고 있기는 했지만 한정된 공간에 이를 적절히 배치하여 전시 효과를 내는 일은 역시 도전 과제였다.

마리안네의 '정원디자인'은 남다른 점이 있다. 설계도만 그려서 주고 끝내지 않고 풍부한 지식과 경험을 바탕으로 마지막 마무리까지 세심하게 정성을 쏟았다. 사교적이고 남들을 돌보기 좋아했으며 끝없이 관대하면서도 필요할 때는 매우 직설적으로 변하는 성격이었는데, 정원도 고객들도 그렇게 대했다.

"그녀가 나를 정원인간으로 만들었어……."

벨기에는 마리안네에게 제2의 고향이었다. 여기서 자신만의 디자인 스타일을 개발했는데, 그녀가 만들어 준 어느 정원의 여주인이 마리안네의 창의성·독창성·일관성을 이렇게 설명했다.

"마리안네는 1980년대 내가 발행한 월간 잡지의 '정원' 꼭지를 담당했었다. 그 시절 마리안네가 우리 집에 온 적이 있었는데, 그때 우리 집 마당을 보고 이렇게 말했다. "이 작은 정원이 가지고 있는 무한한 가능성을 아세요?" 그것이 우리의 긴 정원 작업의 시작이었다.

마리안네와 함께 보러 다녔던 아름다운 정원, 성, 파라다이스 같은 여러 장소와 풍경정원은 여전히 기억에 남아 있다. 볼 때마다 놀라는 나를 바라보며 마리안네는 나의 취향을 메모하기 시작했다. 수많은 답사 뒤에 마리안네는 내 취향을 정확히 파악했다. 내 정원은 원래 흔한 유럽쥐똥나무$^{Ligustrum\ vulgare}$ 울타리를 두른 평범한 사각형 공간이었다. 뭔가 달라져야 했다.

경사진 땅이어서 전체적으로 들판을 향해 다소 내려가는 까닭에 실제보다 좁아 보였다. 들판과 마주치는 곳에는 야생 관목이며 교목들이 빽빽했는데, 우선 이들부터 정리해야 했다.

오래된 참나무와 아름다운 서양딱총나무$^{Sambucus\ nigra}$ 덤불은 그대로 남겨 두었다. 마리안네는 우선 경사진 면을 평평하게 다듬었다. 왼쪽 측면은 조금 올리고 오른쪽은 낮춘 뒤 참나무 아래 휴게공간을 만들었다. 거기서 바라보는 풍경은 꿈 같았다. 이 쉼터는 여름철 녹음이 우거지면 집 안에서 내다보이지 않았다. 누군가 집 주변을 어슬렁거린다 해도 그의 눈에도 띄지 않을 정도로 잘 감추어진 비밀스러운 공간이 되었다.

우리 정원은 폭이 좁은 편이다. 그런데 마리안네는 바로 이 좁은 쪽의 양 경계에 있던 유럽쥐똥나무 울타리를 제거하고 그 자리에 서양주목Taxus baccata 'Overeynden'을 나란히 심어 수벽을 만들었다. 그러자 정원 공간이 통로처럼 깊어졌다. 그리고 집 바로 앞의 작은 정원에도 서양주목으로 수벽을 만들어 구색을 맞추었.

식물은 거의 숙근초만 심었는데, 물론 칼 푀르스터의 영향이었을 것이다. 한해살이풀은 거의 심지 않고, 사철 어느 각도에서 보더라도 장면이 저절로 바뀌도록 숙근초를 배치했다.

마리안네가 포츠담으로 돌아간 뒤 목재 테라스를 설계해서 보내 왔다. 그리고 직접 전문가와 전화하며 세세한 부분까지 의논해 준 덕에 완벽한 목재 테라스가 완성될 수 있었다. 소재로는 단단한 방킬라이 목재를 썼다.

마리안네와 나는 정원 전체는 물론 디테일에 관해서도 안목이 비슷해서 함께하는 작업이 즐겁기만 했다. 정원사는 물론 시공사 직원과도 조화롭고 화기애애하게 일할 수 있었는데, 이는 모두 마리안네의 높은 식견과 프로다운 직업 정신 덕이었다."

목재 트렐리스 옆에 자리한 아름다운 휴식 공간.
석양에 물들어 가는 풍경을 바라보는 곳이다.

경사면 아래 좀 우묵한 곳, 서양딱총나무 아래 작은 탁자와 의자가 보인다. 재주 많은 정원사의 면모를 보여 주는 곳이다. 유럽쥐똥나무 울타리 상부를 곡선으로 잘라 움직임을 주었다.

조금 남은 유럽쥐똥나무 울타리와 단풍나무 'Fireglow' 사이에 숙근초를 심을 수 있는 넉넉한 공간이 있었다. 이곳에 알리움을 많이 심었다.

시선이 단풍나무 'Fireglow' 사이로 경사진 잔디밭을 지나 집으로 향한다.

집으로 들어가는 계단. 벨기에산
푸른 자연석으로 다듬었다. 덩굴장미
'Heidelberg'와 무궁화 *Hibiscus syriacus*
'Oiseau bleu'가 길을 지킨다.

마리안네가 디자인한 벨기에의 주택 정원.
거실에서 내다보이는 이 장면이 이 정원에서
가장 아름답다. 경사진 언덕 오른쪽에 비스듬히
서양딱총나무가 서 있고, 그 아래 은밀한 곳에
낭만 벤치를 세웠다. 왼쪽 숙근초의 어깨
너머로 들판이 내다보인다.

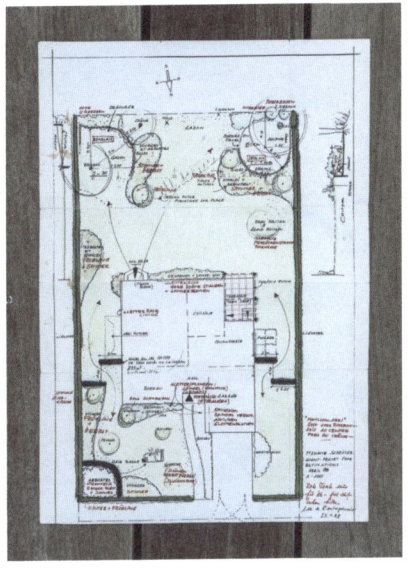

마리안네의 오리지널 설계도.
장소와 클라이언트에게 가장 완벽하게
맞는 설계가 나올 때까지 다듬고
또 다듬은 흔적이 보인다.

목재 트렐리스를 통해 바라보이는 풍경은 언제나 매력적이다. 키 높은 주목 수벽을 엇갈려 배치한 덕에 정원을 걸을 때 변화를 느낄 수 있어 좋다.

## 포츠담의 정원 행복

1990년대 말, 포츠담의 슐로츠 Schlootz 가족도 우연히 마리안네를 만나 유사한 경험을 하게 된다.

그들은 원래 채소밭과 아이들 놀이용으로만 쓰던 정원이 불만이어서 아늑한 가족정원을, 테라스와 화단이 있는 오롯한 분위기를 원했다. 그 이야기를 듣자 마리안네의 눈앞에 슐로츠 가족의 소망에 부합하는 장면이 펼쳐졌다. 이를 그들에게 설명했다.

두 방향에서 도로에 면해 있으므로 우선 시야 차단이 중요했다. 교통량이 많은 도로 쪽으로는 키 높은 서양주목으로 수벽을 만들고, 풍성한 모습으로 자라는 만병초 'Cunningham's White'와 'Humboldt'를 심고, 조용한 도로 쪽으로는 유럽서어나무 Carpinus betulus를 심었다. 춘추벚나무 Prunus subhirtella 'Accolade'와 접시꽃목련 Magnolia × soulangeana을 각각 한 주씩 심어 정원의 분위기를 주도하도록 했으며, 나무 아래 연못을 만들어 달빛에 반짝이도록 했다. 연못은 마리안네 정원디자인의 핵심이다.

그다음 화려하고 변화무쌍한 장미 화단과 숙근초 화단을 만들어 주었다. 어느 날 마리안네는 정원 주인에게 전화를 걸어 "급히 좀 와 보세요"라고 했다. 그가 무슨 일인가 싶어 서둘러 가보니 마리안네가 마침 개화한 미국수국 Hydrangea arborescens 'Annabelle'을 보여 주며 "이거 너무 예쁘죠? 지금 재배장에 단 한 그루 남았으니 얼른 주문하시죠. 내가 나중에 가서 어디에 심어야 할지 보여드릴게요"라고 했다. 정원 주인은 그녀가 하라는 대로 했다.

이런 식으로 진행되는 즉흥적인 '지시'가 마리안네의 특기였으며, 정원 주인에게는 행운이었다. 슐로츠 가족은 미국수국 'Annabelle'을 처음 본 순간부터 반했는데, 특히 여름에 커다란 흰 꽃이 가득 피면 형언할 수 없는 아름다움에 더욱 애착이 간다고 했다.

## 아버지의 그늘에서

앞에서 소개한 프로젝트는 마리안네가 설계하고 여러 해 동안 동반한 많은 작품 중 일부에 속한다. 마리안네는 우선 어떤 설계가 가능할지 이리저리 따져 보고 꼼꼼히 정리한 뒤에 의뢰인과 함께 유사한 정원을 찾아가 보여 주곤 했다. 정원이 완성되면

일정한 간격으로 방문하여 식물이 자라는 모습을 살피고, 의논한 대로 제대로 관리하는지 점검했다. 거기서 끝나는 것이 아니라 늘 새로운 것을 제안해서 정원이 최적의 모습으로 완성되도록 도왔다. 마리안네에게 정원을 의뢰한 사람은 두고두고 전문적인 자문을 받을 수 있는 행운도 함께 의뢰한 셈이었다.

이렇게 마리안네는 수십 년에 걸쳐 수많은 크고 작은 정원을 구현했는데, 일찍부터 기능적인 모던한 정원을 선호했다. 의뢰인을 동반하여 먼 길도 마다치 않고 좋은 식물을 찾아 재배장과 수목원을 돌면서, 왜 그런 식물을 선발했는지 설득했다. 또 마리안네가 이전에 만든 정원들을 함께 방문하여 향후 정원이 어떤 모습이 될지 보여 주기도 했다.

보르님 정원을 찾는 방문객들에게 마리안네는 실력 있는 정원디자이너라기보다 그저 푀르스터의 딸이었다. 이는 마리안네에게 예의가 아니었다. 오랫동안 경력을 쌓은 그녀는 많은 작품을 남기는 한편, 1991년부터 2010년까지 부모가 물려 준 유산, 보르님의 집, 정원과 식물을 모두 지켜 냈다.

| 발행인 울리히 팀

연못은 그 주변의 식물을 변화 있게 심어 주어야 맛이 난다. 6월이면 우아한 노란꽃창포 *Iris pseudacorus*가 빛난다. 노란꽃창포는 꽃이 지고 나면 보기 좋은 열매를 맺는다. 뿌리는 물이 많아도 물이 적어도 잘 견디며 물 정화력이 뛰어나 생태계 균형을 맞추어 주는 것은 덤이다.

높은 서양주목 수벽 아래의 반그늘은
최적의 만병초 서식처다.

오래된 서양주목 아래여서인지
미국수국 'Annabelle'의 매력이
한층 더 빛나는 것 같다.

장미의 계절은 많은 정원 주인에게 정원의 하이라이트를 뜻한다. 마리안네는 이 순간을 위해 장미 전문가 코르데스Kordes와 늘 소통하며 많은 품종을 선발해 심었다. 코르데스 가족이 1887년부터 대대로 운영하는 장미 재배원은 독일 북단의 '클라인 오펜제트-슈파리스호프'Klein Offenseth-Sparrieshoop이라는 긴 이름을 가진, 인구 3000명의 작은 마을에 있다. 보르님 정원에 대대로 장미를 공급하는 곳이기도 하다.

거울 같은 연못은 정원에서 빠질 수 없는 장면이라
나뭇잎이 떨어져 지저분해져도 감수해야 한다.
마리안네가 디자인한 포츠담 슐로츠 가족의 정원

연어살색 꽃이 피는 화단장미 'Stadt Hildesheim'이 정원을 등불처럼 밝힌다.

비둘기집이 있는 가을의 선큰정원. 이 비둘기집은 2018년에
복원한 것인데, 목공예가 슈파치어가 만들어 기증했다.

## 마리안네 푀르스터 연혁

| | |
|---|---|
| 1931 | 보르님에서 출생 |
| 1946~1951 | 칼 푀르스터 숙근초 재배장에서 정원사 교육과 도제과정 수료 |
| 1951~1956 | 스웨덴과 스위스에서 수년간 연수 |
| 1957 | 벨기에 브뤼셀에 위치한 르네 페셰르 조경설계사무실에서 정원·식재디자이너로 활동 |
| 1991 | 브뤼셀에서 은퇴하고 보르님으로 귀향. 어머니 병간호와 정원 관리에 전념 |
| 2003 | 10월 1일 독일 연방 대통령으로부터 독일 1급 공로 훈장 수훈 |
| 2005 | 저서 《내 아버지의 정원에서 보낸 일곱 계절 Der Garten meines Vaters Karl Foerster》 DVA출판사 출간 |
| 2006 | 독일정원가협회 우수도서상 수상 |
| 2010 | 3월 30일 사망. 포츠담 푀르스터 가족묘에 묻힘 |
| | 보르님의 저택과 정원을 보존하기 위해 마리안네푀르스터재단이 설립됨 |
| 2022 | 베를린 팡코우구 신도시에 '마리안네 푀르스터 거리' 탄생 |

저자 서문

> 어두운 눈으로 바라보기에는
> 세상은 너무 다채로워.

"이 정원이 아직도 있네요!" 통일된 후 서쪽에서 온 손님들이 이렇게 놀라곤 했다. 정치적 상황 때문에 정원 애호가들도 동서로 나뉘어서 서쪽에 살던 사람들은 보르님에 있는 칼푀르스터정원을 오랫동안 볼 수 없었다. 질문이 쏟아지기 시작했다. 정원은 몇 년 되었나. 모든 것이 옛 모습 그대로인가. 아버지가 육종한 식물들이 아직 자라고 있는가. 이런 질문에 답하기 위해 이 책을 쓴다. 과거 흑백사진으로 역사를 설명하고 컬러사진을 새로 찍어 현황을 알리고자 한다. 여기에 도면과 정원의 각 부분에 관한 설명도 곁들였다.

우리 정원은 당시의 새로운 식물, 새로운 정원을 사람들에게 널리 알리고자 처음부터 전시 목적으로 조성되었다. 크게 다섯 구역으로 나뉘어 있다. 정중앙에 자리하고 있는 집을 중심으로 보았을 때 집 정면의 넓은 사각형 정원이 가장 핵심 구역으로, 몇 계단 가라앉은 형태의 '선큰정원 sunken garden, 기준 지면보다 가라앉은 곳에 조성해 빛을 끌어들이는 조경 공간'이다. 이곳의 숙근초들은 여름과 가을에 절정의 아름다움을 보여 준다. 이와 나란히 봄길이 지나가는데, 길 양쪽으로는 주로 초봄과 봄에 꽃을 피우는 식물들이 자리 잡고 있다. 이 길을 끝까지 따라 가면 몇 계단 내려간 곳에 작은 가을정원이 마련되어 있다. 그 오른편으로는 '일곱 계절의 암석정원'이 있다. 이곳은 초기에 심은 나무들이 크게 자라 그늘을 많이 드리우고 있어서 예전 모습과는 꽤 다르다.

정원의 총 면적은 약 6000제곱미터이며, 아버지가 설립한 '푀르스터 숙근초 재배장'의 부지 안에 자리 잡고 있다. 암석정원을 지나면 그 뒤에 지금도 재배장과 판매장이 있다.

아쉽게도 재배장과 정원이 조성되던 시기, 즉 1910에서 1915년 사이의 자료가 많이 남아 있지 않다. 초기에 할아버지와 숙모가 함께 살았기 때문에 가족들과 주고받은 편지도 없다. 남아 있는 자료들은 모두 식물에 관한 것과 카탈로그, 그리고 사진뿐이다. 아버지는 재배장에 찾아오는 손님들을 손수 정원으로 안내하곤 했다. 그리고 누구에게든 정원을 가꾸라는 '처방'을 내렸다. 사람들을 설득하는 능력이 뛰어났기 때문에 실제로 아버지에게 설득 당해 정원을 만들거나 나아가 정원사가 된 사람들이 허다하다. 아버지는 뒤에 있는 재배장도 구석구석 다 보여 주고 마지막에 작별 선물로 항상 꽃다발을 한 아름 안겨 주었다.

이 책을 쓰면서 지금은 내 정원이 된 아버지의 정원을 새삼 다른 눈으로 바라보게 되었다. 예전에는 당연하던 것들이 새삼스러워졌고, 다른 사람들 눈에는 어떻게 비칠지 마음이 쓰이기도 했다. 물론 전보다 훨씬 더 비판적으로 바라보게 되어서 함께 일하는 정원사들이 힘겨워 하기도 하지만 정원이 내 가슴속에 보다 더 깊숙이 자리 잡은 것 같다. 독자들이 나의 이런 마음에 공감할 수 있었으면 좋겠다.

누군가 최근에 이런 글을 방명록에 남겼다. "이제 이 정원은 그대 아버지의 것이 아닙니다. 이제는 그대의 정원이지요. 사람들이 사랑하는 아름다움도, 부족한 점도 모두 책임져야 할 사람은 이제 당신입니다."

내 생각은 이렇다. 아버지가 아주 오래전에 이 공간을 만들었고, 그 안에서 살아가고 있는 생명들은 이미 오래전부터 내 과제라고.

| 2005년 8월 보르님에서
| 마리안네 푀르스터

정원사 교육 1년 차 때 아버지와
찍은 사진이다. 손에 들고 있는
식물은 내가 재배한 줄기양배추인데
신문에 말아서 들고 있다.

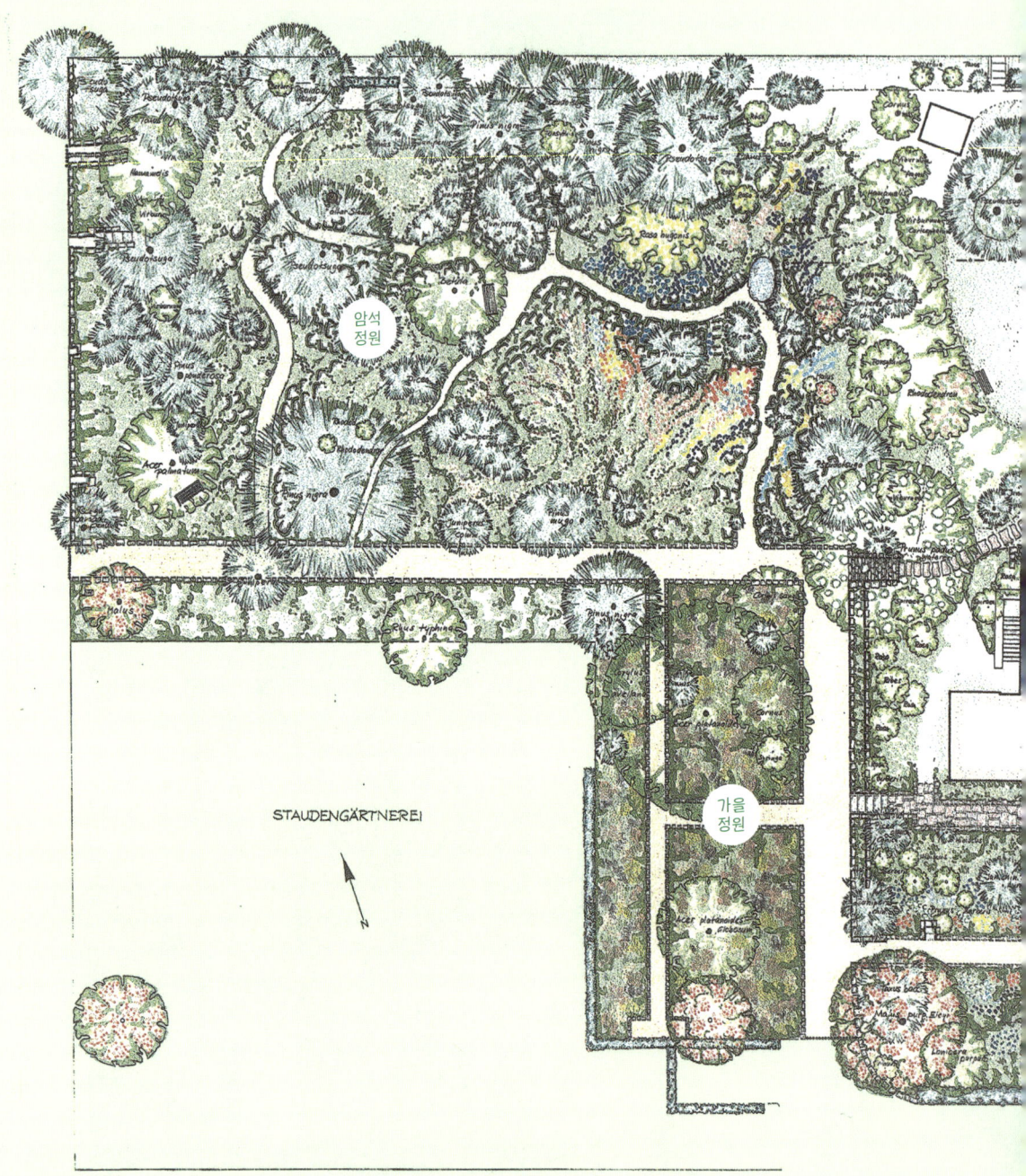

# 보르님 정원의
# 어제와 오늘

1930년대 초, 아버지가 숙근초를 관찰하고 평가할 때 취하는 전형적인 포즈.

> 아주 평범한 것도
> 우리에게는 축제야.

1910년, 정원의 탄생

"내가 숙근초의 세계로 뛰어들게 된 것은 자연경관 체험에서 비롯되었다. 숙근초를 향한 나의 사랑은 어느 10월 햇살이 화사한 날 숲속 초원에 가득 핀 콜키쿰$^{Colchicum}$의 꽃 사이에서 탄생했다. 그때 나는 꽃들이 계절에 따라 경관을 체험하게 하는 열쇠라는 사실을 깨달았으며, 이들과 함께라면 정원의 빈 땅에 꽃 양탄자를 깔 수 있다고 생각하게 되었다. 그 후 여러 재배장에서 일하면서 면밀히 관찰한 결과 내 인생의 확실한 계획이 세워졌고, 우선 작은 재배장을 직접 만들어 시작해야 한다는 생각이 싹텄다."

– 칼 푀르스터

1907년 당시 베를린 베스트엔드에 있던 부모님 주택 정원에 아주 작은 재배장을 '설립'한 것이 첫출발이었다. 4년 후 재배장이 너무 작아져 마땅한 토지를 찾던 끝에 포츠담 북서쪽 보르님의 평야에 있던 감자밭 수 헥타르를 구입했다. 거기서 자리를 잡고 칼 푀르스터 숙근초 육종·재배장의 기반을 닦기 시작했다.

1912년, 재배장 부지 안에 집을 지었다. 그리고 집 주위에 3년에 걸쳐 전시정원을 조성했다. 숙근초의 다양한 양상을 보여 주기 위해 처음부터 주제별로 공간을 나누었다. 그렇게 해서 봄길$^{봄정원}$, 선큰정원, 자연정원, 암석정원, 가을정원이 탄생했으며, 지금은 없어졌으나 당시에는 식물관찰원도 별도로 만들었다. 식물관찰원은 말하자면 '살아 있는 카탈로그'라 할 수 있는 곳으로, 고객들이 모든 식물을 한눈에 살펴볼 수 있게 원형으로 단정하게 배치했던 곳이다. 다섯 곳의 전시정원 중 자연정원과 암석정원이 가장 늦게 조성되었는데, 이 두 정원에는 자연스러운 정원 환경 속에 자생종과 외래종이 함께 어울려 살도록 했던 칼 푀르스터의 이념이 그대로 반영되어 있다. 이렇게 서로 다른 개념의 정원들을 나란히 배치해 20세기 초 열띤 토론이 이루어졌던 '새 정원'을 실제로 구현했다는 것에 큰 의미가 있다.

## 보르님 정원, 무엇이 혁신적이었나

보르님 정원은 정원문화를 소개하는 전시장이자 교육의 장소였으며, 칼 푀르스터 자신에게는 연구의 장소이기도 했다. 여기서 '일곱 계절의 정원' 개념이 처음으로 나타났다. 숙근초뿐만 아니라 벼과 식물, 고사리, 상록 관목들을 조합하여 초봄부터 늦가을까지 늘 아름답고 변화하는 정원을 실험했다. '늘 꽃이 피어 있는 정원'이라는 모토 하에 계절별로 수많은 식물을 조합했으며, 특히 '겨울에도 아름다운 정원'이라는 콘셉트가 여기서 탄생했다. 또 칼 푀르스터는 자신의 정원이 인근 주민들에게도 편안한 가족 소풍의 장소가 되도록 애썼다. "정원사의 직업이 즐거운 이유 중 하나는 식물과 정원에서 비롯된 기쁨이 사람을 만나는 기쁨으로 연결된다는 점이다. 서로 대화 없이 무심코 지나치던 사람들이 이제 정원에서 서로 소통하게 되었다. 식물이 점점 더 크고 아름답게 성장하는 것과 비례하여 사람들 역시 더 크고 아름답게 성장하는 것이 우리의 목표가 되어야 한다." 칼 푀르스터의 이런 생각은 오늘날 더욱 절실하게 와 닿는다.

1911년에 나온 칼 푀르스터 숙근초 재배장의 첫 카탈로그 표지. 사진 속의 정원은 포츠담 바벨스베르크에 있던 릴 가족의 정원이다.

1920년경 선큰정원에서 집을 바라보며 찍은 사진. 당시 집의 창문이 지금보다 더 아름답게 배치되어 있었음을 알 수 있다. 사진 속에 보이는 트렐리스 trellis, 덩굴식물이 타고 올라가도록 만든 격자 구조물는 나중에 철거되었고 그 대신 주목 산울타리가 들어섰다. 지금은 집 뒤에 큰 미송이 서 있다.

1914년 선큰정원. 초기에는 정원 주변이 계단식 화단 대신 사면으로 꾸며져 있었다는 사실을 알 수 있고, 사방에 트렐리스가 빼곡히 설치되어 있었다는 것도 확인할 수 있다. 정원 바닥은 지금과 같은 판석이 아닌 마사토 포장이었다.

선큰정원

정원디자인을 당시 황실 수석 조경가 빌리 랑에Wily Lange, 1864~1941가 맡아서 했다는 설이 있다. 정확한 것은 알려지지 않았다. 정원의 경계에 큰 나무들을 심었고, 관목을 충분히 심어 울타리로 삼았으며, 내부는 기하학적으로 디자인했다. 목재 트렐리스, 회양목 산울타리 등으로 공간을 나누었다.

　　가로 25미터, 세로 40미터 정도 크기의 선큰정원은 집의 동쪽, 즉 정면에 조성되어 있어 주택에서 정원 전체를 조망할 수 있다. 이렇게 정원을 지면보다 낮추어서 조성하는 방식은 이미 영국에서 조금씩 유행하고 있었다. 선큰정원 주변에는 넓은 산책로가 마련되어 있으며, 옥색으로 칠한 목재 트렐리스가 세 방향에서 감싸고 있었다. 이 선큰정원은 집의 거실을 외부로 연장한 것과 다름없었다. 사방의 산책로 주변에는 좌우로 약 1.2미터 폭의 화단이 조성되어 있었으며, 길과 선큰정원과의 단 차이는 처음에 경사면으로 처리했었다. 중앙에 약 길이 8.5미터, 폭 4미터의 수련 연못이 배치되어 있다. 석회석 계단을 제외하면 모두 마사토로 덮여 있어 차분하고 단정하며 조화로운 느낌이 지배적이었다.

봄길

정원 출입문을 열면 곧바로 봄길로 접어들게 된다. 전장 약 80미터의 산책로 양쪽 화단에는 겨울부터 봄까지 꽃 피는 식물들이 집중적으로 자라고 있다. 화단과 길 사이에 낮은 석회석으로 축대를 쌓아 경계를 삼았으며, 중간에 경계석을 후퇴시키고 벤치를 놓은 쉼터가 있다. 길 중간쯤에 오른쪽으로 계단이 나 있어 봄길에서 선큰정원으로 직접 내려갈 수도 있다.

자연정원

1913년 빌리 랑에가 '야생정원'이라는 글을 발표하면서 독일에서도 소위 자연정원 혹은 야생정원의 움직임이 시작되었다. 칼 푀르스터와 빌리 랑에가 이즈음 서로 잘 알고 지내는 사이였으니 상호 영향을 주고받았을 것으로 추정된다. 자연정원은 자연생태계의 환경에 따라 실존하는 경관의 여러 요소를 압축시켜 재현한 곳이다. 약

중산모자를 쓴 분이 할아버지 빌헬름 푀르스터로, 방문객들과 담소하고 있다. 이들 너머로 재배장 부지가 펼쳐지는데, 저 멀리 보르님교회의 첨탑이 보인다.

1970년대에 찍은 고운나래새 Stipa pulcherrima 사진. 옹벽은 보수했으나 고운나래새는 지금도 같은 자리에 서 있다.

1916년에 만든 재배장 사무실 건물(오른쪽). 동양적인 분위기가 느껴지는 지붕의 곡선과 벽에 설치한 세련된 디자인의 트렐리스가 묘한 조화를 이루고 있다. 할아버지와 재배장의 수석 직원인 어윈 푸슈가 마차에 앉아 있다. 마차를 끌고 있는 이 노새가 선큰정원을 조성할 때 기계 대신 많은 일을 해 주었다고 한다.

1200제곱미터 규모로 조성된 보르님의 자연정원에서도 이러한 시대정신을 읽을 수 있다. 결혼, 딸의 출생 등으로 가족들만의 공간이 필요하게 되자 1930년 자연정원을 해체하고 가족정원으로 개조했다.

가족정원

늘 방문객들의 발길이 끊이지 않았기 때문에 가족끼리 조용히 시간을 보낼 수 있는 개인공간이 필요했다. 집의 북쪽 테라스에서 네 계단 내려간 곳에 넓은 잔디밭을 가꾸어 이곳에 딸을 위해 짚으로 지붕을 덮은 놀이 집 '발리 하우스'를 만들었다. 나중에 칼 푀르스터의 아내 에바가 철쭉, 만병초 등으로 울타리를 만들어 보호된 공간의 느낌을 강조했으며, 잔디밭에 잎갈나무 두 그루, 미송$^{Pseudotsuga\ menziesii}$ 한 그루, 유럽 흑송$^{Pinus\ nigra}$ 한 그루를 각각 심었다. 지금 바로 이 구역을 지배하고 있는 나무들이다. 나무 하부에는 비비추$^{Hosta}$, 자주지치$^{Buglossoides}$, 숙근제라늄$^{Geranium}$ 등을 심었으며, 북쪽 평야에서 불어오는 찬바람을 막기 위해 자연스럽게 주목을 심어 울타리를 대신하도록 했다.

어린 시절의 나는 식물 척도로 자주 이용되었다.
억새와 함께 카탈로그에 실렸던 사진이다.

두 번째로 지은 비둘기 집. 제비고깔에 둘러싸여 있는
이 비둘기 집은 첫 번째 것보다 튼튼하고 비둘기들이
살기 좋도록 고심하며 만들었다. 제2차 세계대전 후에
짚으로 지붕을 엮어서 만든 세 번째 것이 있었는데,
1962년 에르프루트 정원박람회에서 빌려 간 후
돌려주지 않았다. 아직까지도.

1918년 연못가에서 찍은 가족사진. 할아버지, 아버지,
그리고 놀러 온 손님과 아이가 함께 촬영했다. 오른쪽
뒤로 첫 번째 비둘기집이 보인다.

## 가을정원

봄길이 끝나는 곳 오른쪽에 암석정원이, 왼쪽에 작은 가을정원이 자리 잡고 있다. 가을정원은 당시에 '살아 있는 카탈로그 정원'으로 들어가는 입구 역할도 담당했었다. 가을정원과 카탈로그 정원 사이에는 단풍나무를 한 줄로 심어 경계를 삼았다. 개화 절정기인 9월 가을정원의 좁은 산책로에서는 꽃들을 아주 가까이에서 감상할 수 있었다. 이 좁은 길은 카탈로그 정원으로 들어서면서 비로소 넓어진다.

## 카탈로그 정원

가로세로 30미터 크기의 정방형이며 내부에는 화단들이 커다란 원을 그리는 형태로 배치되어 있었다. 칼 푀르스터의 표현을 빌리자면 "5년짜리 실망을 걸러 내는" 곳이었다. 다른 재배장에서 구입한 숙근초, 야생 숙근초 혹은 한 종의 여러 품종을 한곳에 모아 두고 오랫동안 관찰하여 최상의 것을 찾아내는 검증 정원이기도 했다. 재배장과 카탈로그 정원 사이에 목재 트렐리스를 세웠으며, 중앙에 연못이 있었다. 제비고깔$^{Delphinium}$, 붓꽃$^{Iris}$, 작약$^{Paeonia}$ 등 푀르스터의 중요한 품종들이 모두 여기서 검증되었다. 이 '카탈로그 정원' 즉 관찰정원이야말로 칼 푀르스터의 혁신적인 아이디어였기 때문에 곧 다른 재배장들도 모방하곤 했다. 이와 같은 '관찰, 전시, 검증'의 목적으로 조성한 정원이 전국적으로 그리고 더 나아가서 전 유럽, 전 세계에 조성되어야 한다는 것이 푀르스터의 굳은 신념이었다. 1950년대 당시 네덜란드 율리아나 여왕이 푀르스터에게 구근식물을 선물한 적이 있는데, 그 역시 바로 이 정원에 심어 관찰 대상으로 삼았다. 1960년 푀르스터가 너무 연로하여 감당할 수 없게 되자 이 정원을 폐지했으며 부지는 재배장과 합쳤다.

## 암석정원

자연정원과 유사한 개념으로 조성한 약 1000제곱미터 규모의 정원으로, 인공 언덕을 만들어 고산지대의 경관을 압축 재현했다. 우선 약 1.8미터의 깊이로 땅을 파고 거대한 자연석을 묻어 기초를 삼았으며, 그 위에 돌과 흙을 쌓아 언덕을 만들었다. 자연스럽게 굴곡진 산책로를 따라가다 보면 언덕을 오르기도 하고 계곡 사이를 지나기도 한다. 동쪽, 즉 집으로 향한 쪽은 돌을 각지게 쌓아 깊은 공간감을 주었으며 그 반대쪽, 즉 재배장으로 향한 쪽은 경사면에 둥그런 자연석을 겹쳐 쌓아 부드러운 느낌으로 마무리했다. 사방으로 최소 1.5미터의 단 차이가 나며 높은 곳에 수목을 집중적으로 심어 공간이 더욱 깊어지도록 했다.

## 변화의 시대

1928년 칼 푀르스터는 두 명의 젊은 조경가와 함께 재배장 소속 설계사무실을 설립했다. 헤르만 마테른과 그의 아내이자 동료인 헤르타 함머바허 Herta Hammerbacher, 1900~1985가 바로 그들이었다. 이렇게 해서 그 유명한 '푀르스터-마테른-함머바허 3인 시대'가 시작되었다.

    1930년대에 선큰정원을 한 번 크게 개조했다. 새로 육종한 풀협죽도Phlox와 제비고깔을 심을 자리를 마련하기 위한 불가피한 작업이었다. 그때 마테른이 수정안을 디자인했는데, 우선 선큰정원 사방의 사면을 계단식으로 바꾸어 식재 면적을 확장했으며, 튼튼한 아까시나무로 트렐리스도 새로 만들어 세웠다.

    선큰정원은 1961년 다시 큰 변화를 겪게 된다. 주택 쪽으로 나 있는 중앙의 큰 계단을 철거하고 왼쪽에 편안한 각도의 계단을 새로 만들었다. 목재 트렐리스 역시 철거하고 그 자리에 회양목을 심어 산울타리로 삼았다. 50년 동안 자란 수목들이 제법 높은 벽을 이루어 트렐리스가 무의미하게 되었을 뿐 아니라 공간이 비좁기도 했다. 그늘이 많아진 곳에는 반그늘을 선호하는 식물들을 새로 심었다.

    1981년 포츠담에서 칼 푀르스터의 집과 정원을 문화재로 지정했다. 칼 푀르스터가 세상을 떠난 지 11년이 되던 해였다. 당시 문화재청에서 발표한 문화재 지정 사유를 보면 다음과 같다. "칼 푀르스터는 20세기 독일 정원문화 발전에 결정적인 공헌을 했다. 그는 우선 월동이 가능한 숙근초 개발에 힘써 약 300종의 새로운 품종을 만들어 냈으며, 이 일을 병행하며 작가로서 총 26권의 책을 썼다. 또 그는 전시·실험정원을 설립해 학문적 연구와 현장 검증을 서로 연결하는 세 번째 문화적 업적을 이루었다."

    1982~1983년 선큰정원이 다시 한번 재정비되었다. 이때 중앙의 계단이 되살아났고, 연못도 완전히 복원되었다. 단, 식물은 원형 그대로 두었고 새로운 품종만 추가로 심었다.

우리는 모두 목표를 향해 달리지만
그 길도 목표에 속한다는
사실은 모르고 있어.

## 1998년 : 복원된 정원문화재

'독일연방정원박람회 포츠담 2001'을 맞이해 우리 정원을 전면적으로 복원했다. 박람회장은 다른 곳에 있지만 우리 정원도 '전시 품목'에 포함되었기 때문이다. 그렇지 않아도 수십 년의 세월이 흐르는 동안 수목들이 너무 크게 자라 정원을 장악하고 있던 터여서, 숙근초에 그늘을 드리우는 수목의 관리가 시급했었다. 박람회를 계기로 선큰정원의 식물들을 거의 새로 심었으며, 암석정원과 가을정원은 완전히 재조성했다.

### 선큰정원

가장 중요한 구간이므로 철저히 현황을 파악한 후 복원 계획을 세웠다. 가장 문제가 되었던 부분이 오래된 석축이었다. 계단식 화단을 지탱하고 있는 석축은 본래 뤼더스도르프에서 생산되는 석회석이었는데, 세월의 힘을 이기지 못했다. 복원 공사를 해서 부실한 곳은 보완했고, 꽤 많은 부분을 아예 새로 쌓았다. 식재는 초기 콘셉트를 유지했다. 풀협죽도와 제비고깔, 장미, 루드베키아$^{Rudbeckia}$, 붓꽃, 원추리$^{Hemerocallis}$와 금매화$^{Trollius}$를 심었고, 가을의 아름다움을 위해 아스터$^{Aster}$와 구절초$^{Dendranthema}$, 억새$^{Miscanthus}$와 골풀$^{Juncus}$, 새로 육종된 벼과 식물을 추가로 듬뿍 심었다.

### 봄길

이 구간에는 특별히 봄에 꽃을 피우는 식물들이 집중적으로 식재되었다. 나무들이 아직 앙상한 2월에는 파란별무릇$^{Scilla\ siberica}$, 짙은 남색 꽃을 피우는 나도히아신스$^{Chionodoxa\ sardensis}$, 야생 크로커스$^{Crocus}$, 야생 튤립, 솔리다현호색$^{Corydalis\ solida}$의 꽃이 오색의 양탄자처럼 봄길을 장식한다.

우리 정원을 방문하는 경우 보통 늘 열려 있는 정원 쪽문으로 들어오는데, 들어와서 약간 왼쪽으로 방향을 꺾으면 커다란 캐나다솔송나무$^{Tsuga\ canadensis}$ 'Pendula'와 주목 들이 어두운 수문장처럼 서 있다. 그 사이를 통과하면 화사한 봄길이 나오고, 길 양쪽으로 봄꽃이 띠처럼 이어진다. 그 사이사이에 겨울에도 잔잔하게 빨간색, 분홍색, 흰색 꽃을 피우는 난쟁이 관목 에리카$^{Erica\ carnea}$가 자리하여 전체적 공간의 틀을 잡아 주고 있다. 그 사이에서 여러 초봄과 봄의 숙근초가 군락을 이루며 꽃을 피운다:

보라색 쿠션을 이루는 아우브리에타 Aubrieta ★

큰꽃삼지구엽초 Epimedium grandiflorum

붉은유럽할미꽃 Pulsatilla vulgaris

좁은잎풀모나리아 Pulmonaria angustifolia

레티쿨라타붓꽃 Iris reticulata

향기제비꽃 Viola odorata

꽃산새콩 Lathyrus vernus

세슬레리아 Sesleria

황금대극 Euphorbia polychroma

금매화 Trollius

물론 듬성듬성 수목들도 서 있는데, 오른쪽 화단에는 멋진 미국산수유 Cornus mas 가, 왼쪽에는 향기 좋은 노랑철쭉 Rhododendron luteum 이 봄꽃 행렬에 가담하고 있다. 길의 중간 지점에 교차로가 있는데, 오른쪽으로는 선큰정원으로 내려갈 수 있는 계단이 있고, 왼쪽에는 80년 된 커다란 은단풍 Acer saccharinum 'Laciniatum Wieri' 아래 돌벤치가 마련되어 있다. 4월에 여기 앉아 있으면 한국에서 온 분꽃나무 Viburnum carlesii 의 진한 향에 취하게 된다.

다음 구간에는 키 작은 봄 숙근초들이 주로 피어 있다:

일반 복수초 Adonis amurensis 와 유럽복수초 A. vernalis

노빌리스노루귀 Hepatica nobilis

여러 품종의 수선화 Narcissus

사월금계국 Senecio aureus

둥근머리앵초 Primula denticulata, 노란키앵초 P. elatior, 황산앵초 P. veris

돌부채 Bergenia

상록의 흰리본초 Iberis sempervirens

이곳의 오른쪽 화단에는 가지가 마치 와인오프너처럼 나선형으로 돌아가는 특

---

★ '쿠션형'이란 방석처럼 동그랗게 모여 자라는 식물을 말한다. 숙근초도 있고 키 작은 관목도 있다.

어른이 된 나와 아버지. 책이 넘쳐 쏟아질 것 같은
아버지 서재에서 찍은 사진이다. 이때는 브뤼셀에서
일하던 시절로, 집에 오면 브뤼셀 사무실에서 하는
일을 늘 상세히 보고하곤 했다.

부모님의 마흔 번째 결혼기념일 8월 27일.
아름다운 장미 'Papa Meilland' 한 송이가 탁자 위
꽃병에 꽂혀 있다. 이 장미는 'Gloria Dei'를 만든
바로 그 육종가의 작품이다.

이한 유럽개암나무<sup>Corylus avellana</sup> 'Contorta'가 한 그루 서 있고, 그 발치에는 여러 가지 색의 꽃을 피우는 크리스마스로즈<sup>Helleborus niger</sup>와 사순절장미<sup>H. orientalis-Hybride</sup>가 있다. 그 곁에는 커다란 히말라야오월사과<sup>Podophyllum hexandrum</sup> 'Majus'가 자라고 있으며, 길 앞쪽으로는 별꿩의밥<sup>Luzula pilosa</sup>이 옹기종기 몰려 있다.

봄길이 집과 만날 즈음 다시 한번 변화가 찾아온다. 여기에는 미국산수유, 꽃사과나무<sup>Malus</sup> 'Hillieri'가 지켜보고 있는 가운데, 여러 야생종 숙근초와 특이 품종들이 모여 있다.

커다란 꽃잎이 세 개로 갈라져 손수건처럼 나부끼는 큰꽃연영초<sup>Trillium grandiflorum</sup>와 세실레연영초<sup>T. sessile</sup>, 강한 향이 특징인 미국솜대<sup>Smilacina racemosa</sup>, 황금 종 모양의 긴 꽃을 늘어뜨리고 있는 가녀린 태화우불라리아<sup>Uvularia grandiflora</sup>, 버지니아갯지치<sup>Mertensia virginica</sup>, 보라색 꽃을 피우는 작은 보라꽃방망이<sup>Synthyris stellata</sup>, 노란색 꽃을 피우는 일본피나물<sup>Hylomecon japonica</sup>, 풍도둥글레<sup>Polygonatum odoratum</sup>, 향기제비꽃, 그리고 단풍매화헐떡이풀<sup>Tiarella cordifolia</sup>.

그 맞은편에는 단을 좀 높인 화단이 있는데 이곳은 봄에 꽃을 피우는 여러 식물의 잎과 꽃의 형태, 색, 향기를 하나씩 별도로 보여 주고 설명할 수 있도록 마련된 곳이었다. 지금 이 화단에는 여러 품종의 아우브리에타, 캅카스장대나물<sup>Arabis caucasica</sup>, 할미꽃, 레티쿨라타붓꽃이 자라고 있다.

이 화단을 지나면 봄길이 끝난다. 여기서 가을정원과 암석정원으로 계속 가려면 머리를 좀 숙여야 한다. 여기서도 수문장 역할을 하며 서 있는 주목과 향나무가 그새 울창해져서 머리를 숙여 인사해야만 통과시켜 준다.

## 가을정원

사실 지금 가을정원이 조성된 곳에는 1997년까지 수관이 지구처럼 둥글게 자라는 노르웨이단풍<sup>Acer platanoides</sup> 'Globosum'이 한 그루 서 있었고, 그 주변의 공간을 나와 직원들이 주차장으로 사용했었다. 이 주차장 때문에 정원 전체가 두 구역으로 분리되어 있었던 셈인데, 이제 본래 있었던 가을정원이 복원되어 집과 정원이 조화롭게 어우러진 모습을 경험할 수 있게 되었다.

9월부터 서리가 내릴 때까지 꽃이 피는 식물들이 이 작은 정원의 주인공이다. 이들은 당시 아버지가 개발했던 식재 개념으로 재배치했다. 숙근초들을 종류별로 따

아버지는 90세가 넘어서도 식물을 하나하나 정성껏 살폈다. 사진의 배경은 암석정원이다.

아버지 시대의 마지막 직원 중 한 사람인 파울 볼츠 소장. 2차 세계대전 이후부터 모든 육종 작업과 재배장의 발전을 함께 이루어 냈다. 수많은 정원사의 교육을 담당하기도 했는데, 엄격했지만 마음씨 따뜻한 선생님이었다. 내게도 훌륭한 마스터였다.

1950년 부임한 수석정원사 발터 오토는 특히 전시정원의 관리책임자였다. 나중에 암석정원도 그의 책임 아래 가꾸어졌다. 방문객들의 사랑을 독차지했던 안내자 겸 정원해설가이기도 했다. 정원 사진을 수시로 찍어 아버지 저서에 활용할 수 있도록 슬라이드도 만들어 주었다. 사무실 건물 제일 위층에 있는 관사에서 살았는데, 대단한 규모의 개인 서재가 있었다. 무엇보다 그는 정이 많은 사람이었다.

로 심지 않고 서로 뒤섞어 조화를 꾀했으며, 간혹 큰 숙근초도 앞에 심어 물결처럼 흔들리는 느낌으로 생동감을 주었다.

주된 숙근초는 털대상화$^{Anemone\ tomentosa}$, 두모수스아스터$^{Aster\ dumosus}$, 구절초, 가을머틀아스터$^{A.\ ericoides}$ 등이다. 한가운데 큰 억새가 서서 시선을 사로잡고, 그 옆에는 자주천인국$^{Echinacea\ purpurea}$도 꽃을 피우고 있다.

가을정원 뒤쪽으로 '푀르스터 숙근초 재배장' 부지가 펼쳐져 있어 주목과 측백으로 울타리를 만들어 경계를 삼았다. 초가을부터 서리가 내릴 때까지, 그리고 겨울에 식물들의 열매와 빈 줄기에 눈이 내릴 때까지 변화하는 정경을 즐길 수 있는 곳이다.

## 암석정원

이곳에는 산지에서 자라는 숙근초들이 모여 있다. 초기에 심었던 나무들은 너무 커졌고 암석정원의 흔적이 많이 사라졌다. 숲이 울창한 언덕처럼 변해 버려서 복원 작업에 애를 먹었다. 나무 아래에는 에리카$^{Erica\ carnea}$나 고사리, 아이비만 무성했었다.

그 당시 수석정원사로 일하던 오토 아저씨는 90세가 되도록 정원을 지켰지만, 너무 연로하여 암석정원까지 돌보기 어려웠다. 그는 죽기 전 그토록 사랑했던 우리 정원을 다시 찾아와 설강화가 가득 핀 모습을 보고 갔다. 아버지 생전에 두 분이 단풍나무 아래 벤치에 앉아 자주 담소하던 기억이 난다. 두 분은 서로 정말 좋아했었다.

암석정원의 큰 나무들은 비록 그늘을 드리운다는 단점은 있었지만 나무 자체가 소중하기 때문에 보존되었다. 미송과 소나무, 주목이 북쪽 평야 쪽에서 불어오는 바람막이 역할을 한다. 서쪽 재배장 방향으로는 향나무와 잎갈나무들이 서 있는데, 늙어 휘어진 모습으로 자주 사진 모델이 되고 있다. 암석정원 뒷부분은 양쪽 언덕 사이에 좁은 길이 굽이져 지나는 '고사리계곡'인데, 마치 동굴을 지나가는 것 같은 느낌을 준다. 이곳에 처음부터 서 있던 단풍나무, 캐나다솔송나무가 금작화$^{Genista}$와 함께 계곡의 끝을 막아서고 있다. 전쟁 중에 직원들 사이에 푀르스터 가족이 이 계곡에 보물을 감추어 두었다는 소문이 떠돌았다고 한다!

암석정원의 돌들은 모두 뤼더스도르프 채석장에서 캐 온 석회암들이다. 옛 사진을 참고하여 무너진 자리에 새 돌을 놓았는데, 공간이 비좁아 기계의 힘을 빌리지 못하고 모두 사람 손으로 해야 했다. 뒤쪽 고사리계곡의 돌들은 땅에 깊이 묻혀 있는 것을 모두 캐냈다. 폭이 1미터가 넘는 대형 돌이었다. 암석정원 가장 앞부분, 즉 집과 등을 마주하고 있는 쪽에는 옛날에 작은 폭포와 연못이 있었다. 이 역시 발굴 과정에서 원형 그대로 다시 모습을 드러냈다. 제2차 세계대전 직후 연못의 물이 새기 시작하자 수리가 어렵다고 판단한 아버지가 원형 그대로 묻어 버리라고 지시한 덕에 고스란히 다시 찾아낼 수 있었다.

이제 암석정원 전체가 복원되어 정원 산책로를 따라 계절 속으로 들어갈 수 있게 되었다. 앞부분에서 초봄이 시작되어 봄과 여름을 지나 마지막 고사리계곡에서 늦가을을 만나며 거기서 다시 세상으로 되돌아오는 경로다.

이 정원의 식물들은 선큰정원처럼 화려함을 즐기기 위함이 아니라 고산지대에서 자라는 작고 섬세한 식물들을 돌 사이에서 발견하는 세밀한 체험을 주제로 한다. 현재의 환경이 허락하는 한 될수록 옛 식물 배치를 그대로 복원하고자 힘썼다.

여기까지 정원의 역사와 정원의 구조를 간단히 살펴보았다. 뒤에 수록된 나의 정원 일기를 읽는 데 도움이 될 것이다.

우리 '정원의 꿈'을 실현하는 데 정말 많은 사람이 함께해 왔다. 그들에게 보르님 정원은 섬과 같은 곳이었으며, 언제나 잊지 않고 다시 찾아오는 순례지 같았다. 아버지 생일 즈음이면 축하 편지가 수도 없이 날아들었다. 정원에서 찍은 사진들을 동봉하여 보낸 안부 편지들도 많았다.

연료도 부족하고, 장비도 제대로 없었고, 때로는 거름도 부족한 어려운 시간이 많았지만 때가 되면 늘 모든 직원, 친지와 함께 근사한 가든파티도 열고, 소풍도 가고, 음악회도 열곤 했다.

부모님을 중심으로 직원, 친지, 방문객 들이 하나의 대가족을 이루었다. 물론 티격태격할 때도 있었다.

"저기 볼락 씨네 닭들이 화단으로 들어왔네. 어서 쫓아내!"

"아니요, 사모님 닭인데요!"

이 모든 추억이 손에 잡힐 듯 생생하다. 나 역시 여기서 3년 정원사 교육을 받고 2년은 연수생으로 일했었다. 아버지는 오랫동안 근속한 직원들에게 '칼 푀르스터 배지'를 꽂아 주셨는데, 이 배지를 받으면 '푀르스트리아너'로 인정받았다. 배지의 문양은 일본 귀족 가문에서 전통적으로 쓰던 문장에서 힌트를 얻어 만들었다. 가운데 국화를 닮은 문양은 사실은 양귀비의 씨로, 이 주변을 나비 세 마리가 둘러싸고 있는 모습이다. 전쟁 전에 이미 이 로고가 만들어졌고 푀르스터 카탈로그도 모두 이 로고로 장식되었다.

마리안네 푀르스터가 죽은 후, 2015년에 복원된 칼 푀르스터의 서재. 여기서 칼 푀르스터를 유명하게 만들어 준 많은 저서가 탄생했다. 칼 푀르스터가 친필로 원고를 쓰고 나면, 그의 아내 에바가 타자기로 원고를 옮겼기 때문에 책상이 두 개 필요했다.

칼 푀르스터 배지 문양

# 칼 피르스터 연혁

| | |
|---|---|
| 1874 | 3월 9일 베를린에서 출생 |
| 1880 | 베를린 프리드리히 빌헬름 김나지움 입학 |
| 1889~1891 | 슈베린궁 소속 식물원에서 원예사 교육 수료 |
| 1892~1903 | 포츠담 원예학교에서 수학 |
| | 같은 곳에서 도제로 일을 시작했으나 지병으로 오랜 기간 중단 |
| | 독일 알텐슈타인, 마이닝엔, 가이젠하임 식물원, 이탈리아 보르디게라, |
| | 독일 아렌스베르크에서 원예사로 근무 |
| 1899 | 사진 활동 시작 |
| 1903~1907 | 부모님 자택 정원에서 소규모 숙근초 재배장 설립 |
| 1907 | 첫 번째 푀르스터 숙근초 카탈로그 발행 |
| 1910 | 포츠담 보르님의 농지 구입. 신규 사업장 설립 |
| 1911 | 첫 저서 《월동이 잘되는 신세대 숙근초와 꽃관목》베버출판사 출간 |
| 1912 | 보르님 재배장 부지에 자택 건축. 선큰정원 조성 시작 |
| 1917 | 저서 《꽃 피는 미래의 정원》푸르허출판사 출간 |
| 1920 | 델피니움 육종에 첫 성과를 거둠 |
| | 델피니움 엘라툼 Delphinium elatum 'Berghimmel 먼 산의 하늘' |
| 1920~1941 | 정원 전문 잡지 〈정원의 아름다움〉 발간 |
| | 공동 발행인: 오스카르 퀼 Oskar Kuehl, 1874~1956, 카밀로 슈나이더 Camillo Schneider, 1876~1951 |
| 1927 | 에바 힐데브란트 Eva Hildebrandt, 1902~1996 와 결혼 |
| 1928 | 헤르만 마테른, 헤르타 함머바허와 함께 설계사무소 설립 |
| 1931 | 1월 1일, 딸 마리안네 출생 |

| | |
|---|---|
| 1932 | 풀협죽도 육종에 성공한 후 재배와 판매 시작 |
| | 첫 품종은 풀협죽도$^{Phlox\ paniculata}$ 'Wennschondennschon' |
| 1934 | 저서 《정원은 마법의 열쇠》$^{로볼트출판사}$ 출간 |
| 1936 | 저서 《암석정원의 일곱 계절》$^{가르텐쇤하이트출판사}$ 출간 |
| 1937 | 저서 《침묵을 깬 행복》$^{로볼트출판사}$ 출간 |
| 1939 | 포츠담 우정섬에 전시정원 조성 |
| 1940 | 저서 《정원의 파란 보물》$^{레클람출판사}$ 출간 |
| | '태양의 신부'라 불리는 숙근초 헬레니움$^{Helenium}$ 'Kupferstrudel' 육종 및 출시 |
| 1945 | 전쟁으로 재배 사업 중단 |
| | 소련군 포츠담에 주둔 |
| | 소련 주둔 정부가 푀르스터 재배장을 '월동성 숙근초 재배 및 연구기관'이라는 이름으로 편입하여 보호함 |
| 1946~1948 | 모스크바 소재 소련과학아카데미의 요청으로 푀르스터 자서전을 비롯해 육종사업에서 이룬 업적과 관련한 저서 집필 |
| 1949 | 푀르스터 카탈로그 소량 재발간 |
| 1950 | 베를린 훔볼트대학교에서 명예박사 학위 수여 |
| | 이후 쑥갓속$^{Chraysanthemum}$, 참취속$^{Aster}$, 초롱꽃속$^{Campanula}$, 헬레니움속$^{Helenium}$, 제비고깔속$^{Delphinium}$, 하늘바라기속$^{Heliopsis}$, 양귀비속$^{Papaver}$, 가는잎미선콩속$^{Lupinus}$, 풀협죽도속$^{Phlox}$, 개불알풀속$^{Veronica}$, 유카속$^{Yucca}$ 등 수많은 숙근초 육종 |
| 1952 | 저서 《새롭게 빛나는 정원》$^{노이만출판사}$ 출간 |
| 1959 | 포츠담 명예시민으로 선정됨. 저서 《경고와 격려》$^{유니온출판사}$ 출간 |
| 1962 | 저서 《탄식은 이제 그만》$^{유니온출판사}$ 출간 |
| 1964 | 베를린 훔볼트대학교 명예교수로 임명됨 |
| 1966 | 베를린공과대학교에서 재단 설립 자금을 지원해 칼푀르스터재단 설립$^{베를린공과대학교의\ 교수이자}$ $^{칼\ 푀르스터의\ 오랜\ 지기이며\ 동료였던\ 헤르만\ 마테른\ 교수의\ 주창으로\ 칼\ 푀르스터의\ 이념에\ 입각한\ 식물\ 적용에\ 관한\ 연구\ 지원\ 사업을\ 목적으로\ 설립}$ |
| 1968 | 저서 《늘 피어 있는 정원》$^{유니온출판사}$ 출간 |
| 1970 | 11월 27일 96세를 일기로 칼 푀르스터 사망 |
| | 그의 사망과 더불어 푀르스터 숙근초 재배장이 동독 국가재산으로 '몰수'됨 |
| 1982 | 에바 푀르스터와 유니온출판사 편집부가 공동으로 칼 푀르스터의 글과 칼 푀르스터에 관한 글을 모아 《어느 정원에 대한 기억》이라는 제목으로 편저 출간$^{한국판\ 제목\ 《일곱\ 계절의\ 정원으로\ 남은\ 사람》}$ |
| 1993 | 푀르스터 숙근초 재배장이 유한회사 형태로 부활 |
| | 마리안네 푀르스터가 이사의 신분으로 참여 |
| 1996 | 5월 4일 에바 푀르스터 94세를 일기로 사망 |
| 2010 | 3월 30일 마리안네 푀르스터 79세를 일기로 사망 |

# 보르님의 일곱 계절
## 정원 일기

2월 말에서 4월 말까지

# 초봄

머리에 소복하게 흰 서리를 쓰고 있는 에리카,
돌부채 *Bergenia* 'Schneekönigin',
세슬레리아를 미국산수유가 흐뭇하게
내려다보고 있다.

기온이 영하로 떨어지면 풍년화의
기특한 꽃망울이 또르르 말리는데,
해마다 눈이 가는 장면이다.

이처럼 독특한
미르시니아대극 Euphorbia myrsinites
꽃을 제대로 보기 위해서는
몸을 잔뜩 낮추어야 한다.

> 오늘의 깊은 즐거움 속에
> 미래의 즐거움이 있는 거야.

아직도 밤에는 기온이 영하로 떨어지기 때문에 초봄의 어린 녹색들이 바깥세상에 나오는 것을 조심스러워하는 것 같다. 은근과 끈기로 기다리는 수밖에. 정원 방문객 중에는 '우리 집 정원은 벌써 많이 파래졌는데'라면서 약을 올리는 분들도 있다. 그래도 설강화, 노랑너도바람꽃 *Eranthis hyemalis*, 복수초 그리고 일찌감치 피는 크로커스 등이 있어 조금 위안이 된다. 이 식물들은 벌써 몇 주일 전부터 꽃을 피우기 시작했다. 아침에 나가 보면 마치 얼어붙은 듯 바닥에 엎드려 있다. 겨울에 눈도 별로 오지 않고 건조해서 땅이 돌처럼 단단한데 어디서 힘이 나서 지표를 뚫고 나오는지 신기하기만 하다.

이즈음에는 노란색이 지배적이다. 정원 출입문 주변에 벌써 10미터 넘게 자란 미국산수유 *Cornus mas*가 주목의 짙은 녹색을 등지고 서서 마치 금빛 구름처럼 광채를 발한다. 여름이 떠나갈 즈음 많은 열매를 맺겠다고 약속하는 것 같다. 이 열매는 내게 '밀매품'과 같은 것인데, 그 가치를 모르는 사람들이 의외로 많다. 해마다 큰 것은 거의 2센티미터나 되는 길쭉한 열매가 가득 열리는데, 완전히 성숙해서 저절로 떨어지기까지 기다려야 한다. 조심스럽게 모아서 믹서기에 넣고 즙을 짠 후 즙과 설탕을 1:1 혹은 1:2 정도로 섞어서 끓여 젤리를 만들어 먹어도 좋고, 고기 요리 소스를 만들 때 넣기도 한다.

## 봄을 기다리며

이제 겨울이 다 지나간 것 같다. 그동안 서로 다투다시피 나를 즐겁게 했던 풍년화들 *Hamamelis*이 만들어 낸 노란 시즌도 끝나 가는 중이다. 진분홍색 꽃을 피우는 에리카 'Winter Beauty'와 흰색 꽃을 피우는 'Snow Queen'이 이들의 충실한 동반자였다. 거의 두 달 동안 꽃이 피어 있는 에리카는 장기전을 치르는 쿠션형 관목이다. 온화한

암석정원에 낮게 깔린 에리카
'Winter Beauty', 키 작은 철쭉, 그리고
뒤편에 펼쳐지는 들판 풍경이 모두 하나다.

겨울이면 12월에 벌써 꽃이 피기 시작한다. 해마다 꽃이 지고 나면 새순이 자라기 전에 바로 잘라 주어야 한다. 그래야 밑부분이 허전하게 비지 않고 식물의 형태가 둥글고 단단하게 유지된다.

길 쪽으로 펜스 옆에 서 있는 독일괴불나무 *Lonicera × purpusii* ★는 아직도 꿀같이 진한 향을 발하고 있다. 이 나무는 벌써 정월에 꽃망울을 맺기 시작했다. 적어도 4월 말까지는 계속 꽃이 피어 있을 것이다. 거의 상록성인 관목인데, 산책하며 지나가는 사람들이 너무 감탄하기에 이름표를 만들어 걸어 놓았다. 그리 구하기 쉬운 나무가 아니라서 이름표에 출신 수목원 주소까지 써 넣었다.

3월 말이면 샛노란 꽃을 피우는 개나리의 절기가 시작된다. 다양한 개나리 품종 중 가장 일찍 개화하고 꽃이 가장 활짝 열리는 것이 'Dresdner Vorfühling 드레스덴의 초봄'이다. 개나리는 품종이 여러 가지라 자라는 형태나 꽃 피는 시기에 신경을 써서 심는 것이 좋다. 예를 들어 당개나리 *Forsythia suspensa var. fortunei*는 가지가 길고 탄력이 있어서 옹벽을 타고 올라가도록 연출할 수 있다. 이렇게 타고 올라가는 개나리가 있는 줄 누가 알았겠는가. 개나리를 보면 예전에 브뤼셀 설계사무실에서 일할 때 조경학과 학생들이 꽃이 피어 있지 않은 상태에서는 개나리인지 알아보지 못하는 것을 보고 경악했던 기억이 난다.

어느 틈에 4월이 되었다. 이제 새 모이통을 치울 때가 된 것 같다. 이번 새 모이통에는 이웃의 흰 강아지 모세의 털을 빗질해서 한 줌 넣어 주었다. 집 지을 때 자재로 쓰라는 뜻이었다.

새들이 그 작은 주둥이로 얼마나 많은 털을 물고 갈 수 있는지 나도 이제야 알게 되었다. 흰 수염이 난 박새를 본 적이 있으신지!

우리 집에서는 옛날부터 새 모이를 직접 만들어 왔다. 주로 납작귀리를 식용유나 소기름에 담가 불린 후 해바라기씨나 개암가루와 섞어 주먹밥처럼 만든다. 이걸 끈으로 잘 묶어서 화분에 넣어 나뭇가지에 거꾸로 매달아 놓는데, 사는 것보다 저렴하고 영양도 풍부하다.

---

★
로니세라 푸르푸시이는 독일에서는 '겨울 울타리 체리나무'라 불린다. 이 식물은 독일 원예가 요제프 안톤 푸르푸스 *Joseph Anton Purpus, 1860~1932*가 향괴불나무 *Lonicera fragrantissima*와 스탄디시이향괴불나무 *Lonicera fragrantissima ssp. standishii*를 교잡하여 새로 육종한 것이다. 국가표준식물목록 등 어디에서도 이름을 찾을 수 없는 것을 보니 국내에는 도입되지 않은 것으로 보인다. 육종가의 이름을 따서 푸르푸스괴불나무라고 해야 마땅하겠지만, 독일 육종가가 만들어 낸 것이므로 일단 독일괴불나무로 명명했다.

## 부활절에 돋아난 첫 단풍잎

부활절에는 날씨가 춥고 건조했다. 그럼에도 단풍나무에 잎이 돋기 시작했다. 연못가에 비스듬히 서 있는 단풍나무*Acer palmatum*와 일본당단풍*A. japonicum* 'Autumn Glory'는 진한 붉은 잎을, 일본당단풍 'Aconitifolium'은 은녹색 잎을 각각 쏟아 내고 있다.

봄길에 서 있는 오래된 능수버들은 이미 30년 전에 사망선고를 받았음에도 불구하고 아직도 해마다 봄이면 연두색 긴 가지를 늘어뜨린다. 그 발치에서는 파란색과 흰색 꽃을 피운 노루귀*Hepatica*가 쫑긋 내다보고 있으며, 크리스마스로즈는 물론이고 앵초의 꽃도 갖가지 색으로 피기 시작했다. 다만 피카리아미나리아재비*Ranunculus ficaria*라는 잡초도 섞여 있어 유감이다. 따지고 보면 이 식물의 꽃도 노란 별같이 생긴 것이 상당히 어여쁜데 너무 정신없이 번져서 다른 식물들을 몰아내기 때문에 어쩔 수가 없다. "뽑자!"

올봄 공기가 유난히 건조했음에도 어느 해보다 잡초가 극성을 부리는 것 같다. 방문객들도 그 점에 동의해 주었다.

## 봄길에 시작된 꽃의 행렬

반그늘 속에 조용히 숨어 있던 만병초*Rhododendron* 'Praecox'가 어느 틈에 꽃을 피웠다. 빛이 조금 더 잘 드는 쪽에 서 있는 만병초 'Peter John Mezitt'는 꽃망울이 맺혔다가 밤 서리를 맞고 난 후 갑자기 따가운 봄볕을 받더니 꽃망울들이 모두 갈색으로 변해 죽어 버렸다. 올해는 망한 것이다. 마음이 몹시 아프다.

러시아아몬드*Prunus tenella*와 앵도나무*P. tomentosa*가 올해는 몹시 서두른다. 각각 흰색과 분홍색 꽃을 벌써 무거울 정도로 매달고 있다. 이들은 과일나무를 자주 덮치는 모닐리아나곰팡이병 때문에 꽃이 진 다음 가지를 바짝 잘라 주어야 하는데, 지난해에는 그럴 필요가 없었다. 그래서 빨리 개화한 것인지도 모르겠다. 이들과 맞장구라도 치듯 갯지치*Mertensia*들이 파란 종 모양의 꽃을 풍성히 피웠다. 이들은 어쩐 일인지 툭하면 한 해를 거르고 다음 해에 이렇게 화사하게 꽃을 피우곤 한다.

봄길의 양쪽으로 이제 향기제비꽃, 이베리스*Iberis*, 꽃냉이*Alyssum*의 긴 행렬이 이어지기 시작했다. 행렬은 집 뒤쪽의 암석정원까지 이어진다. 여기 키 작은 소나무 그늘에 파란 눈의 누운자반풀*Omphalodes verna*이 널찍하게 자리를 펼치고 있으며, 돌 틈 사

크림색 꽃을 피운 히아신스 *Hyacinthus orientalis* 'Aiolos'는 아직 겨울을 벗어나지 못한 선큰정원에서 시선을 사로잡으며 강한 향으로 유혹한다. 히아신스 'Black Jack'과 파란별무릇, 키오노독사 *Chionodoxa*가 유카 *Yucca* 사이에서 그림을 완성한다. 아직은 계단으로 향하는 시야가 열려 있다. 왼쪽 뒤편에 방금 밑동까지 자른 참억새 *Miscanthus sinensis* 'Silberfeder'도 보인다.

연못가 단풍나무의 새잎은 물론이고 일찌감치 꽃을 피운 지중해대극 *Euphorbia characias*을 한눈에 바라볼 수 있는 이 벤치는 방문객들의 사랑을 독차지한다.

암석정원에 홀로 핀 할미꽃.
자태를 뽐낼 만하다.

가을정원이라고 봄이 그냥 스쳐 가지 않는다.
지구본처럼 둥근 노르웨이단풍 발치를
자주색 꽃을 피운 히아신스 'Splendid
Cornelia'와 솔다리현호색이 뒤덮고 있다.

짙은 녹색 주목 사이로 보면
유럽개암나무에 주렁주렁 달린
꽃술이 면사포처럼 보인다.

모란 Paeonia × suffruticosa은 봄에
올라오는 순마저 매력적이다.

크리스마스로즈라 불리기도 하는 헬레보루스 니게르는 이 절기에 가장 눈에 띄는 숙근초에 속한다. 가죽처럼 반들거리는 상록성 잎은 1년 내내 볼품 있다.

봄길에 피어 있는 아몬드대극 Euphorbia amygdaloides 'Purpurea'의 자주색 잎과 수선화 'February Gold'의 황금빛 꽃이 오묘한 조화를 이룬다.

이에는 이미 덩굴해란초$^{Cymbalaria\ muralis}$가 빈틈없이 비집고 들어가 있다. 보라색, 분홍색, 빨간색, 흰색의 솔리다현호색도 고운 면사포 자락을 펼치기 시작했다. 방문객들은 빨간색을 선호해서 그것만 구매하려고 하는데, 사실 이 식물의 진짜 매력은 이렇게 여러 색이 섞여 있어야 발휘된다. 문제가 되는 것은 무성한 잎이다. 마구 자라 덤불을 이루어 다른 지피성 숙근초들을 밀어내는 습성이 있기 때문이다. 그럼에도 꾹 참고 크로커스처럼 잎이 시들 때까지 기다렸다가 제거해 주어야 한다. 이제 잎 색이 아름다운 대극$^{Euphorbia}$ 차례다. 아주 고운 연둣빛 잎을 달고 있는 삼색대극$^{Euphorbia\ amygdaloides}$ 'Purpurea'와 여러 색을 띤 황금대극$^{E.\ polychroma}$ 'Purpurea'가 환상적이다. 그 옆에서는 할미꽃이 고개를 숙이고 있고, 그 사이로 '정원사들의 죽음'이라 불리는 흰별무릇$^{Ornithogalum\ umbellatum}$이 어느 틈에 무더기로 비집고 들어와 있다. 이 무리는 정말 대책 없이 번져 정원사들을 죽고 싶게 만든다!

암석정원 우측의 경사면에 큰 미송이 한 그루 우뚝 서 있고, 여기에 기대어 우리 가족이 특별히 사랑한, 노란 꽃을 피우는 후고니스장미$^{Rosa\ hugonis}$가 때맞추어 꽃봉오리를 벌린다. 이 장미는 1914년 혹은 1915년에 아버지가 심은 것이다. 100년 가까이 단 한 번도 잘라 줄 필요가 없었을 정도로 당시 모습을 그대로 간직하고 있는 기적의 노란 장미다.★ 내 어린 시절과 함께한 장미이기도 한데, 재작년 여름 상당히 길게 지속된 이상 고온 때문에 고생했는지 병색이 짙다. 올해 꽃이 지고 나면 아마도 밑동까지 바싹 잘라 주어야 할 것 같다. 몇 년 전에 그 옆에 비슷한 품종의 장미를 한 그루 심어 놓았는데, 그들이 우선 빈공간을 채워 주어야 할 것 같다.

추신: 6월에 가지치기해 주었더니 가을까지 1미터 정도 자랐다.

---

★
장미 중에는 찔레꽃처럼 2미터 내외로 자라며, 개나리처럼 가지가 늘어진 형태로 무수한 꽃을 피우는 관목장미들이 상당히 많다. 이들은 야생 장미에서 출발한 것들이다. 보르님의 칼퓌르스터정원에는 이런 장미가 상당수 자라고 있다.

암석정원도 서서히 잠에서 깨어나고 있다. 돌 틈에서 세슬레리아*Sesleria*가 고개를 내밀고 저 뒤에서 개나리가 기지개를 켠다.

4월 말에서 6월 초까지

봄

암석정원에서 꽃사과나무 *Malus floribunda*가
아낌없이 꽃을 피우고 있다. 발치를 덮고 있는
색삼지구엽초 *Epimedium × versicolor*
'Sulphureum'을 지켜 주려는 것일까?

4월 말에서 5월 초까지 붉디붉은 색으로 봄길을 밝히는 만병초 Rhododendron repens 'Baden-Baden'. 한국 분꽃나무가 어지러운 향으로 이에 응수한다.

> 일을 너무 많이 해도,
> 너무 적게 해도
> 낙원에서 추방 당해.

올 봄 역시 너무 짧고 더웠다. 몇 해 전부터 봄이 점점 짧아진다. 그럼에도 한국 분꽃나무 향이 온 정원에 가득하다. 4월 말부터 5월까지 방문객들이 이 나무 아래에 오면 급브레이크를 건다. 그리고 그 옆 돌벤치에 앉아 눈을 지그시 감고 새소리에 귀를 기울이며 자기들끼리 낮은 목소리로 토론한다. 나이팅게일인가? 아니, 울새sprosser, 나이팅게일과 같은 과에 속하는 새 같은데!

  방문객들이 가장 사랑하는 장소는 역시 연못이다. 개구리들이 작은 섬에 나와 앉아 일광욕을 한다. 몇 마리 남지 않은 금붕어들이 느릿느릿 헤엄치고 있다. 건너편에 있는 상수시성에서 왜가리들이 정기적으로 날아와 금붕어들을 잡아먹는다. 왜가리들이 오는 눈치가 보이면 대나무 가지로 연못을 얼기설기 덮어 주는데, 꽤 도움이 된다.

  5월 초, 연못가 단풍나무가 잎을 가득 달고 있다. 황홀한 정경이다. 봄에는 빨간색, 여름에는 진녹색, 가을에는 날씨에 따라 구릿빛에서 황금색으로 변하는데, 해마다 조금씩 다른 색의 조화를 보여 주는 것이 정말 마술 같다. 올해 이 단풍나무가 꼭 81세가 된다. 1924년 빌헬름 샤흐트Wilhelm Schacht, 1903~2001★ 씨가 아버지 밑에서 일할 때 심은 씨에서 자란 나무다. 그분은 나중에 뮌헨식물원의 원장이 되었다. 처음 심었을 때 이 나무는 아주 작고 꼿꼿했었다. 아버지와 어머니가 나무의 양지 쪽에 무리엘조릿대Fargesia murielae를 심어 해를 가려 주었다. 단풍나무는 겨울 햇빛을 별로 좋아하지 않기 때문이다. 그럼에도 무리엘조릿대가 너무 커지자 나무는 해를 따라 목을 길게 빼지 않을 수 없었다. 그래서 옆으로 비스듬히 자라게 되었는데, 속사정을 모르는

★
독일 원예가이자 식물원 원장. 유럽에서 가장 큰 영향을 미친 원예가 중 한 명으로 꼽힌다. 2001년 그가 98세를 일기로 사망했을 때 〈런던 파이낸셜 타임스〉에 "위대한 정원사들은 대중매체에서 주목받지 못한다The greatest gardeners go unnoticed in the mass media"라는 제목으로 긴 기사가 실리기도 했다.

많은 사람이 이 동양화 같은 모습에 반해 흉내를 내려고 한다. 지금 이 단풍나무는 장년에 접어들어 '지팡이'가 필요해졌다. 비바람이 불 때마다 내 시선은 우선 이 동양에서 온 노신사에게로 향한다.

1990년 중반 '독일연방정원박람회 포츠담 2001'을 위해서 우리 정원을 복원할 때 무리엘조릿대 대신 우아한 오죽$^{Phyllostachys\ nigra}$ 'Boryana'로 바꾸어 심었다.

봄 교향곡에 섞인 작은 북소리

연못가 단풍나무는 이제 연두색 옷으로 완전히 바꾸어 입었다. 잎이 무성하고 환하여 눈에 확 들어오기는 하지만 그렇다고 정원 전체를 장악하는 것은 아니다. 아주 잔잔한 봄의 교향곡 사이에 들려오는 작은 북소리 같다고나 할까. 길 건너편 숲속의 아까시나무도 녹색으로 변하기 시작했다. 앞으로 한동안은 빈 나뭇가지에 걸린 달을 볼 수 없겠구나.

진홍색 꽃을 피우는 꽃사과나무 'Eleyi'와 그 맞은편에 서있는 노르웨이단풍의 둥그런 녹색 수관이 연주하는 음악은 그리 조용한 편이 아니다. 이 두 나무는 서쪽에서 집을 감싸고 있다. 그 반대편에는 지붕 위로 자란 귀룽나무$^{Prunus\ padus}$ 'Watereri'가 향기로운 흰 꽃송이를 길게 매달고 있고, 그 아래 꽃사과나무 'John Downie'가 꽃망울을 터뜨린다. 처음에는 빨갛다가 꽃이 피면 점차 분홍색으로, 그리고 다시 서서히 흰색으로 변해 간다.

진정한 향의 여왕 분꽃나무의 시대가 아쉽게도 끝났다. 귀룽나무가 그 뒤를 이어받아 향기를 뿌린다. 집 뒤에 서서 굴뚝 위로 삐죽 내다보고 있는 귀룽나무를 모두 사랑한다. 1996년, 어머니 장례 때 관도 이 꽃으로 덮고 교회 실내 전체를 이 꽃으로 장식했었다. 그때 장례에 참석했던 모든 사람의 기억 속에 아마도 교회에 가득했던 귀룽나무꽃 향이 아직 남아 있을 것 같다.

구근식물들이 펼치는 색의 잔치가 시작되다

일찌감치 꽃을 피우기 시작한 무스카리$^{Muscari}$, 무릇$^{Scilla}$, 푸시키니아$^{Puschkinia\ scilloides\ var.\ libanotica}$를 위시하여 바야흐로 구근식물의 계절이 시작되었다. 나는 오히려 늦게 개화하는 튤립들을 더 좋아한다. 이들이 개화할 즈음이면 숙근초들도 어지간히 자라 있

선큰정원 연못가에 비스듬히 서서 위엄을 발하는
단풍나무에 모든 이의 시선이 집중된다. 그 옆에는
푸른빛이 도는 그라스 개밀아재비 Leymus arenarius
'Blue Dune'이 화분에 담겨 있다. 번지지 않도록
화분에 가두었다. 넓은잎범꼬리 Bistorta officinalis
'Superba'가 연분홍 촛대처럼 눈앞을 가로막고 있다.

선큰정원 연못가에서 최고로 환영받는 손님.
이 개구리는 유럽식용개구리라는 끔찍한 이름으로 알려졌는데,
여기 연못가에 찾아든 이 아이는 돌연변이종으로 피부가 파랗다.

튤립 'Big Chief', 'Negrita', 'Sunny Prince'와 페르시아 황제의 면류관을 닮은 제국패모 Fritillaria imperialis 'Persica Ivory Bells'가 나란히 서서 칼 푀르스터의 서재 창문을 지키고 있다.

> 변화하는 자만이
> 스스로에게 충실한 거야.

어 숙근초의 녹색과 튤립의 화려한 꽃이 서로 정말 잘 어우러지기 때문이다.

아버지 시대에 구근식물을 어떻게 다루었었는지 기억을 더듬어 본다. 제2차 세계대전이 일어나기 전인 1930년대의 일은 너무 어렸기 때문에 기억나지 않는다. 1939년에 아버지의 《정원의 구근식물》이라는 책을 보면 아버지는 구근식물에 큰 관심이 있었지만, 원예종보다는 야생종을 더 사랑했던 것 같다. 아버지가 1950년대에 여기저기서 튤립 구근들을 선물로 받았던 기억이 난다. 아주 정성스레 포장해서 보낸 것이기는 했는데 색상이 너무 울긋불긋해서 배치에 골머리를 앓으셨다.

## 선큰정원에 가득한 봄기운

집에서 바라보았을 때 선큰정원 뒤쪽으로는 따뜻한 톤의 오렌지색과 진한 노란색 꽃이 피는 튤립을 심었고, 중간부터 앞쪽으로는 자주색, 분홍색, 흰색 꽃을 피우는 튤립을 심었다.

제일 외곽의 옹벽에는 내가 특별히 선호하는 진한 보라색, 불타는 듯한 빨간색 꽃 튤립과 줄무늬 튤립, '불꽃'처럼 생긴 튤립 들을 심었다. 그중 꽃잎이 백합을 닮은 것, 레이스같이 생긴 깃들이 나는 좋다. 집 바로 앞에는 앵무새를 닮은 패럿 그룹 튤립도 몇 송이 심어 두었는데, 올해는 그 곁에 오렌지색에 보라색이 감도는 튤립 'Temple of Beauty'와 남색 꽃을 피우는 은동전풀$^{Lunaria\,annua}$, 그 앞에 파란색 꽃을 피우는 튤립 'Blue Parrot', 다시 그 옆에 꽃이 오렌지색 등불 같은 튤립 'Prinses Irene'가 나란히 서서 아주 근사한 색의 하모니를 연주하고 있다. 저런 색의 원피스가 한 벌 있다면.

정원 외곽을 도는 산책로 주변에는 여러 종의 수선화가 가득히 피어 있다. 캅카스물망초$^{Brunnera\,macrophylla}$와 꽃산새콩의 보라색 꽃도 함께 어우러지고 있고.

썩 괜찮은 조합이다. 오렌지색 튤립 'Ballerina'는 프리지어 향을 강하게 풍기는 것이 특징이다. 키 큰 튤립 'Temple of Beauty'는 마리안네가 사랑했던 품종. 그 앞에서 튤립 'Ivory Floradale'이 흰 옷을 입고 등장하는 중이다. 알리움 *Allium* 'Globemaster'들이 잎을 활짝 열고 곧 꽃이 필 것이라 장담하고 있다.

보기 드문 야생 튤립 *Tulia clusiana* 'Peppermint Stick'이 암석정원 언덕 위에 문득 나타났다.

검은색 꽃을 피우는 튤립 'Queen of Night'와 오렌지색 꽃이 피는 'Ballerina'가 시즌을 마무리한다.

한 구석에서는 세덤$^{Sedum\ spurium}$이 만들어 놓은 쿠션 사이에서 붉은 갈색 꽃을 피우는 야생 튤립$^{Tulipa\ whittallii}$이 귀엽게 내다보고 있다. 세덤이 야생 튤립의 고운 자태를 돋보이게 한다. 구근식물을 심을 때 곁에 어울리는 동반자들을 배치해 주는 일은 정말 중요하다. 이것은 가을에 꽃이 피는 '콜키쿰'에도 똑같이 해당된다. 콜키쿰은 크로커스를 빼닮은 꽃이 핀다. 나는 이 식물을 공작고사리 사이에 심어 두었다. 공작고사리는 꽃대가 너무 가냘퍼서 금방이라도 쓰러지게 생긴 콜키쿰들을 든든하게 받쳐 주기도 하고, 서로 우아한 느낌을 상승시켜 주기도 한다. 아주 잘 어울리는 한 쌍이다.

두 해 전 산돼지가 나타나 봄길에 심은 튤립 구근을 먹어치우고, 집 뒤편의 암석정원에까지 진출하여 구근으로 배를 채우고 갔다. 산돼지들은 미식가여서 구근을 유난히 좋아한다. 물론 그 다음에 보식을 하기는 했지만 미처 구해 심지 못한 품종이 여럿이다.

연못가에서는 원추리 'Maikönigin$^{오월의\ 여왕}$'들이 벌써 무대에 올랐다. 그 옆에서는 작약 튤립 'Georgette'와 'Red Georgette'가 이 새로운 미인들의 등장을 호기심 가득한 표정으로 바라보고 있다. 이들 맞은편에서는 어느 틈에 연노란색 꽃을 피운 쿨토룸금매화$^{Trollius\ \times\ cultorum}$ 'Lemon Queen'이 동그랗게 웃고 있는데, 그 옆에 서 있는 대극 'Black Pearl'이 수백 개의 '시어머니 눈'을 뜨고 미심쩍게 바라보고 있다. 이 'Black Pearl'이라 불리는 대극은 정말 신기하게 생긴 식물이다. 녹색의 헛꽃 안에 까만 눈동자같이 생긴 참꽃이 들어가 앉아 있는데, 이런 것이 수십 수백 개가 한 줄기에 다닥다닥 붙어 있어서 정말 수십 수백의 시어머니들이 동시에 눈을 동그랗게 뜨고 노려보는 것만 같다. 여성 방문객들이 별로 좋아하지 않는다.

## 모란, 슐레지엔에서 온 귀한 손님

벌써 작약과 모란의 꽃이 지고 있다. 이들이 가득 피어나면 거의 장중한 분위기가 감돈다. 꽃 한 송이 한 송이에게 경배해야 할 것 같은 느낌이다. 우리 정원의 모란들은 거의 40년이 넘었다. 그 사이 여러 번 옮겨 주어야 했다. 다만 아쉽게도 품종 이름을 모른다. 열심히 찾고 있기는 하지만. 언젠가 찾아지겠지.

그중 유난히 오래된 모란이 한 그루 있는데, 거기에는 사연이 있다. 전쟁 후 동쪽의 슐레지엔 지방*에서 피난민들이 몰려왔는데, 이 중에 어머니의 고향에서 온 여인이 있었다.

마리안네의 가을 화단에도 봄이 어김없이 찾아온다. 마리안네는 2010년에 핀 봄꽃들을 미처 보지 못했다. 그러나 늦게 개화해서 오래도록 흰색 꽃이 피는 튤립 'Maureen'과 그 왼쪽에 흩뿌려 놓은 듯한, 연분홍빛 꽃을 피우는 튤립 'Menton'은 마리안네의 '초이스'였다. 낮은 곳에 핀 스페인블루벨*Hyacinthoides hispanica*의 남빛 꽃이 조화롭다.

록키모란 *Paeonia rockii*은 경쟁자를 두려워할 필요가 있을까?

마리안네가 몹시 아꼈던 무고소나무 *Pinus mugo* 'Mops'의 새 가지가 쑥쑥 올라오고 있다.

훤하게 달이 뜬 것 같아서 'Frau Luna루나부인'이라 불리는 이 작약은 칼 푀르스터의 제자 이스베르트 프로이슬러 Isbert Preussler가 육종한 것이다.

집과 정원 지킴이 고양이 '치비'는 2016년에 입양되었다.

그분이 서쪽에 사는 친척들에게 나누어 주기 위해 피난 보따리에 모란 뿌리를 잔뜩 넣어 가지고 온 것이다. 그중 하나를 어머니에게 선물했다. 아주 연한 분홍색 꽃을 피우는 종인데, 줄잡아 100년은 되었다.

## 볼프강이라 불린 금붕어

개구리 식구가 불어나고 금붕어도 새 식구를 많이 얻었다. 볼프강 요프 Wolfgang Joop ★★ 가 어느 날 자기 집 연못에서 기르던 금붕어를 가지고 나타난 것이다. 그중 가장 큰 놈에게 볼프강이라는 이름을 지어 주었다. 흰색 얼룩무늬가 있고 주둥이가 빨간 것은 수지라고 불렀는데, 아무래도 볼프강의 딸인 듯싶다. 연못 속의 금붕어 가족들은 고요한데, 공중에서는 검은지빠귀 수컷들이 공중곡예를 펼치며 싸우고 있다. 집 바로 앞, 늘 모이통을 걸어 두는 대나무밭에 지빠귀들이 둥지를 틀었다. 거기 암컷이 알을 다섯 개 낳았는데, 고양이 막스가 가만히 놓아 둘지 심히 걱정된다.

## 보르님 정원의 동물들

금붕어 볼프강만 내 마음을 사로잡은 것이 아니다. 우리 집에는 부모님 생전에도 늘 동물들이 같이 살았다. 지금은 고양이를 기르고 있지만 실은 내가 강아지 광이라는 사실을 방문객과 친구 들은 다 알고 있다(고양이 막스에게 이르면 안 됨). 아마도 어린 시절을 커다란 뉴펀들랜드 개와 함께, 혹은 개의 등 위에서 보낸 까닭에 개를 그리 좋아하게 된 것인지도 모르겠다. 근사한 개들이 여럿 우리 집에서 살다 갔다. 스팁이라 불렸던 개는 어느 날 암석정원 향나무 아래에서 새끼를 낳고는 자랑스럽게 집으로 데리고 들어왔다. 이쇼라 불렀던 사모예드 스피츠는 어찌나 빠른지 달리는 것이 아니라 날아다녔다. 어느 날, 미끄럽게 얼어붙은 도로에서 버스에 치여 죽은 몸으로 우리에게 돌아왔다. 그때 처음으로 어머니 아버지 두 분이 함께 우는 모습을 보았다. 아버지는

★
슐레지엔은 지금 폴란드의 영토에 속하지만, 역사적으로 여러 번 독일과 오스트리아에 속한 적이 있어 독일인이 많이 살고 있었다. 제2차 세계대전 후 폴란드와 독일 사이에 국경이 확립되면서 슐레지엔에 살던 독일인들이 대거 추방되었다.

★★
독일이 낳은 세계적인 디자이너로 국내에도 꽤 알려져 있다. 포츠담 출신이며 현재도 포츠담에서 살고 있다. 정원 애호가로 마리안네 푀르스터와는 친한 친구 사이라 자주 드나들었다.

1940년에 이쇼를 그리워하며 글을 한 편 썼는데, 나중에 아버지 사후에 발간된 책 《어느 정원에 대한 기억》*에 실렸다.

    어머니 친구 중에 수의사가 있었는데, 그분이 근사한 썰매개 한 마리를 위로의 선물로 주셨다. 꼬리가 동그랗게 말리고 주둥이에 분홍색이 감도는 이 플로리안에게 우리 모두 홀딱 반했는데, 그중 마르타 숙모가 가장 예뻐했다. 한번은 플로리안이 숙모를 따라 성당에 미사를 드리러 갔는데 신부님이 내보내라고 부탁했다고 한다. 개는 하나님의 피조물이 아니라고 여겼는지. 아무튼 플로리안이 제 스스로 문을 열고 나갔다고 숙모가 전해 주었다. 앞발로 문고리를 내리치더란다. 플로리안이 가장 좋아하는 일은 버스 타기였다. 물론 숙모와 함께. 창가 자리에 앉지 못하면 으르렁댔다고 한다.

    또 내 자전거를 끌고 포츠담 시내를 달려 가는 것을 좋아했다. 동물 애호가들이 핀잔을 주었지만 그들이 이해하지 못하는 사실이 있다. 썰매개 플로리안은 자전거를 끌고 달리는 일을 정말 좋아했다.

    플로리안이 늙었을 때 우연히 고양이 한 마리를 선물 받은 것이 계기가 되어 우리 집 고양이의 시대가 시작되었다. 아버지가 '피터 대제'라는 이름을 지어 주었던 그 고양이는 정말 대왕의 풍모를 지닌 근엄한 존재였다. 그리고 아버지를 잘 따랐다. 아버지가 휠체어를 타고 정원에 나가면 무릎에 앉아 따라갔고, 정원에서는 우리와 숨바꼭질 놀이를 즐겼는데, 주로 측백 울타리 뒤에 숨었다. 그 뒤를 이은 것이 '피터 2세'였다. 피터 2세는 봄이 되어 정원 시즌이 시작되면 방문객들의 사랑을 독차지했다. 꼬리를 자랑스럽게 치켜든 채 앞장서서 안내했기 때문이다. 자기만의 루트가 있었는데, 이 루트의 끝은 벤치였다. 거기 올라가 앉아서 선물을 기다렸다. 물론 방문객들은 미리 준비해 가지고 온 맛있는 것들을 바쳤다. 훈제 연어부터 도넛까지.

    어머니는 말년에 몸이 많이 불편해서 늘 창가 등의자에 앉아 있었다. 나는 어머니가 심심하지 않게 어느 봄날 금붕어 어항을 창가에 놓아 드렸다. 어느 틈에 피터 2세가 나타나 앞발을 쏜살같이 어항에 담갔다. 그래서 어항을 이중창 사이에 넣어 두었는데, 그것이 이중창인 것을 모르고 피터 2세가 유리창을 얼마나 공격했는지 나중에는 창문이 뿌옇게 되어 밖을 내다볼 수 없을 정도였다. 그때 아버지는 이미 이 세상

---

\*
한국에서는 《일곱 계절의 정원으로 남은 사람-정원 왕국의 칼 대제, 푀르스터를 만나다》라는 제목으로 출판되었다 (고정희 편역, 나무도시, 2013).

서로 너무 잘 어울리는 한 쌍. 9월과 10월에
다시 한번 꽃을 피워 방문객들을 놀라게 하는
돌부채 'Doppelgänger' 뒤에서
흰별무릇 Ornithogalum umbellatum들이 받쳐 주고
있다. 이 별들은 해마다 더 소복해진다.

거북이 올리비아. 연못의 새로운 스타로 부상하는
중이다. 자기 전용 돌 위에 앉아 일광욕을 즐기고 있다.
그 옆을 배회하듯 헤엄치고 있는 잉엇과 민물고기
초어草魚는 포츠담식물원에서 기증한 것이다.

가족정원의 제우스 흉상은 종종 칼 푀르스터 상으로 오해받는다. 미송 아래 근엄하게 자리 잡았다. 연로한 송악이 나이에도 불구하고 미송을 열심히 감고 올라가 지금은 기둥이 거의 보이지 않을 정도다. 2년 터울로 잘라서 10미터 길이를 유지해 준다. 뒤에 보이는 초가지붕은 마리안네의 어머니가 지은 정원용 초막이다.

최근 가족정원에 다시 심은 자작나무에 기대어 흰 꽃을 피우는 수선화 *Narcissus* 'Thalia'와 튤립 'Sunny Prince'가 독특한 매력을 발한다.

에 계시지 않았기 때문에 피터 2세가 죽었을 때 내가 부고를 작성해야 했다. 피터 2세의 사진과 함께 포츠담 일간지에 부고를 보냈더니 바로 다음 날 신문에 실렸고 이어 조의문이 쇄도했었다.

벨기에에서 일하던 젊은 시절 메인쿤 고양이를 한 마리 기르고 있었다. 포츠담 집을 방문할 때면 늘 동행했었다. 이름이 '마오'였는데 집에 도착해 주차하면 마오는 바로 차에서 내려 정원을 통과해 집으로 들어가서 곧장 3층에 있는 내 방으로 뛰어가 침대 위에 올라가 눕곤 했다. 처음에 그 모습을 바라보던 어머니의 입이 한동안 다물어지지 않았던 기억이 난다.

당시 고양이를 처음 데리고 올 때 벨기에에서 가축 전염병이 돌지 않는다는 증명서를 동독의 농림청에 제출해야 했다. 관리가 서류를 받아 보더니 "당신 말馬이 지금 몇 살이나 되었습니까?"라고 물어서 관청이 웃음바다가 된 적이 있다. 그 후 다시 포츠담에 갈 때면 전화 한 통만 하면 통과시켜 주었다. 마오는 아마도 지금까지 길러 왔던 여러 고양이 중에서 가장 다정한 고양이가 아니었을까 싶다. 늘 이웃집 고양이들을 식사에 초대하여 먹이를 나누어 먹곤 했다. 피터 2세와도 친해져서 항상 졸졸 따라다녔으며, 마치 작은 엔진 같은 소리로 그르렁거리곤 했다. 두 고양이가 한 살 터울이었는데 거의 동시에 죽었다. 각각 17세, 18세였다.

동물 없이는 살고 싶지 않아서 찾던 중 붉은 털의 고양이 한 마리를 선물 받았다. 그것이 모리츠였는데, 쌍둥이 동생 막스랑 같이 왔다. 이 형제들은 아직 어려 장난기가 심해 방문객과 친지 들을 자주 웃게 만들었다. 주로 잡지도 못할 기러기 사냥을 즐겼다. 해마다 기러기들이 남쪽에서 돌아오는 길에 우리 집 연못에서 며칠을 보내곤 한다. 그때면 막스와 모리츠는 원추리 뒤에 숨어 공격을 가했는데, 이에 약이 오른 기러기들이 꽥꽥거리며 이리저리 헤엄쳐 다녔고, 고양이들은 즐거워 죽을 지경이었다.

어느 날 보니 미송 앞에 서 있던 제우스 흉상이 쓰러져 있는 것이 아닌가. 그 앞에는 고양이 둘이 지키고 앉아 있었다. 알고 보니 제우스 뒤통수에 구멍이 났는데 거기서 박새들이 알을 까고 있었다. 친구에게 도움을 요청했다. 둘이서 제우스 상 주변에 철망을 쳐 주었다. 몇 주일 동안 안심한 박새들이 무사히 부화하여 새끼들에게 먹이를 날라다 주는 모습을 흐뭇하게 지켜볼 수 있었다. 새끼들이 커서 모두 날아간 뒤 오랫동안 고민한 끝에 솔방울들을 구멍에 넣어 주었다. 거기서 솔방울들이 말랐다 불었다 하면서 집을 지켜 주었다. 다음 해 박새가 알을 낳기 위해 다시 올 때까지.

그것이 7년 전의 일이다. 그때 붉은 털의 핸섬한 모리츠는 이웃집 노처녀 고양이

루씨에게 반해서 그리로 장가갔다. 이제 회색 털의 막스만 남았는데, 지난날의 피터 2세처럼 방문객들의 사랑을 독차지하며 안내하고 다니기 시작했다. 앞서서 걷다가 멈추어 서는 양이 마치 '이제 한번 쓰다듬어 주지 그래' 하는 것 같다. 고양이로서는 퍽 드문 일인데, 막스는 아이들도 좋아했다. 꼭 자기 꼬리를 잡아당기지 않을 아이들을 알아보고 좋아하는 것 같다.

## 잘라 주어야만 하는 것들

봄이 무르익어 갈 때 잘라 주거나 솎아 주어야 하는 것들이 있다. 일찌감치 꽃이 피었다 진 연못가 돌부채의 꽃대는 잘라 주어야 한다. 내 개인 정원이라면 그대로 두었을 것이다. 이 꽃대들이 마르면 마치 정물화 속 마른 꽃다발처럼 분위기 있기 때문이다. 그러나 방문객들이 드나드는 곳이므로 어느 정도는 깔끔해 보여야 하기에 잘라 주어야 한다. 돌부채 중 진분홍색 꽃이 피는 'Eroica'가 제일 오래간다. 가끔 봄에도 영하로 내려가는 해가 있는데, 그럴 때면 안타깝게도 이 보석목걸이 같이 생긴 꽃들이 모두 죽는다.

    캅카스물망초의 시대도 끝났다. 이들도 잘라 주어야 한다. 꽃대를 자를 때 큰 잎들을 같이 잘라 주면 더 예쁜 새잎들이 나와 여름 내내 신선함을 간직한다.

    사철나무 종류가 여럿 있는데, 그중 좀사철나무 $^{Euonymus\ kiautschovicus}$를 사랑한다. 이 식물도 봄에 잘라서 모양을 내 주어야 한다. 애초에 집 서쪽 화단 바닥을 덮으려고 심은 것인데, 영춘화를 위해 세운 트렐리스를 자기가 감고 올라가 어느 틈에 3~4미터까지 자라 버렸다. 창문도 가릴 판이라 창 주변의 가지들을 쳐내야 하고 영춘화도 숨 쉴 자리를 마련해 주어야 한다. 나는 집 서향을 '옷을 입은 쪽'이라고 부른다. 좀사철나무 덤불이 따스한 옷처럼 감싸 주기 때문이다. 이렇게 아름다운 좀사철나무는 여간해서 쉽게 구할 수 없다.

    상수시성에 속한 식물원에 이 좀사철나무를 이용한 산울타리가 있다. 삽목이 잘 되기 때문에 거기서 잘라 오면 된다. 6월에 눈 두 개 달린 정도, 약 30센티미터 길이로 잘라서 아래쪽에 달린 잎은 떼어 버리고 땅에 약 20센티미터 깊이로 묻어 준다. 흙을 살살 눌러 준 다음 물을 잘 주면 늦어도 가을에는 뿌리를 내린다.

암석정원은 자연주의 정원 개념으로 조성되었다. 높고 낮게 쌓은 석축의 돌과 꽃을 무겁게 이고 있는 꽃사과나무 Malus floribunda, 관목의 녹색 사이에 황산앵초의 노란색 꽃이 드문드문 점을 찍는다.

월년초 그해에 싹이 터서 그 이듬해 자라서 꽃이 피고 열매를 맺은 뒤 죽는 풀
은동전풀의 연한 자주보라색 꽃과 홍화커런트 Ribes sanguineum의 자주색 꽃이 서로 참 기특하게
어울린다.

세련된 연남색 꽃송이가 매력적인
카마시아 Camassia caerulea 덕분에 작약이
필 때까지 기다리는 시간이 견딜 만하다.

5월 관목장미는 일찍 꽃이 피는 장미 중 가장
아름답다. 4월에 이미 꽃이 열려 5월까지 꽃을
피우면서 귀한 벌들에게 꿀을 제공한다.

## 만병초 미인들

서쪽 정원 잔디밭 주변에 커다란 만병초$^{Rhododendron}$들이 거의 울타리를 이루며 서 있다. 1950년대 말이 되어서야 아버지의 허락이 떨어져 심은 것들이다. 이들은 앞쪽 정원과 뒤편 암석정원을 분리하는 역할을 한다. 당시 'T. J. T 자이들'이라는 만병초 전문업체에서 제공한 'Effner', 'Eidam', 'Humboldt' 같은 아름다운 품종들이 아직도 자라고 있다. 이들은 카타비엔제$^{catawbiense}$ 계열과 메테르니치이$^{metternichii}$ 그리고 스미르노위이$^{smirnowii}$를 서로 교잡해서 얻은 당시의 신품종들이었다.

신품종이라면 봄길에 서 있는 만병초 'Johannes Rau'를 빼놓을 수 없다. 그 이름도 유명한 부룬스수목원에서 2003년에 육종한 것을 기증받았다. 이 신품종 만병초에 이름을 준 것이 당시 대통령이었던 요하네스 라우였다. 우정섬에 첫 번째 나무를 심고 대통령이 직접 명명식을 거행했다.

그때 샴페인 잔을 만병초 위에 뿌려야 하는데 식물이 너무 크다 보니 겨냥이 잘 안 되어서 영부인이 같이 거들어야 했던 해프닝이 있었다. 첫 나무는 이렇게 대통령이 우정섬에 직접 심었고, 두 번째 것은 샤를로텐부르크궁원에 심었다.

사실 우리 지역의 모래땅에서 만병초를 기르는 일은 그리 추천할 만한 것은 아니다. 제대로 가꾸려면 토양을 다 갈아 주어야 하고, 거름도 많이 주어야 하고, 관수를 비롯해 일이 보통 많은 것이 아니다. 기르다 실패한 정원 애호가들을 많이 보았다.

## 일찍 꽃을 피우는 관목장미들

5월 중순인데 아직도 밤에는 쌀쌀하다. 그럼에도 봄에 꽃이 피는 관목장미들이 꽃을 피워 그윽한 향기를 풍기기 시작했다. 우리 장미들은 대개 45년 이상 되었다. 아버지도 이들의 아름다움을 충분히 경험하고 가셨다. 이미 몇 번씩 옮겨 심었는데, 늙은 관목장미도 이식을 잘 견뎌 내는 편이다. 다만 옮겨심기하기 전에 바짝 잘라 주어야 한다.

우리 장미들은 모두 키가 2미터 정도 되고 가지를 우아하게 늘어뜨려 아주 자연스러운 모습으로 자라는 품종인데, 아버지가 바로 이런 점을 특히 사랑했다. 모두 장미 재배원 코르데스사에서 아버지 생일 선물로 준 것들이다. 그중 가장 일찍 개화하는 것이 'Marguerite Hilling'인데, 진분홍색 꽃에 향기가 그윽하며 가지를 잘라서 꽃병에 꽂아 놓아도 꽃망울이 100퍼센트 열리는 품종이다. 여기서 파생한 것이 흰색 꽃의 'Nevada'로, 그늘이 드리운 곳에서도 풍성하게 꽃을 피운다. 'Frühlingsduft'봄의 향기'는 연한 살굿빛 꽃이 피는데, 향이 좀 더 강하고 긴 가지에 작은 꽃이 다닥다닥 붙어 소녀 같은 느낌을 준다. 내가 가장 좋아하는 것은 'Maigold'다. 처음에는 마치 행복한 닭이 낳은 달걀의 노른자처럼 주황빛이 도는 노란색으로 꽃이 피어나다가 서서히 색이 엷어져서 밝은 노란색이 되는 품종이다. 향이 어떤지 설명하기는 어렵다. 약간 레몬 향이 나기도 하고 이국의 향료가 섞여 있는 듯도 하다. 정원 방문객들에게 늘 물어보는데, 그들도 어떤 향인지 묘사하기 어려워한다.

안타깝게도 많은 사람이 이 아름다운 장미를 모르고 산다. "우리 정원이 조금만 더 컸더라면……." 맞는 말이다. 관목장미는 공간을 많이 차지한다.

이들을 기증받았을 때 특별히 어머니에게 준 장미가 있었다. 'New Dawn'이라는 덩굴장미다. 거의 흰색에 가까운 연분홍색 꽃이 핀다. 당시에는 우리 텃밭정원 주변을 감고 올라갔었다.

그러나 어머니에게 가장 아름다웠던 장미는 해마다 6월 20일이 되면 남편이 아침 식탁 위에 꽂아 두는 생일 장미가 아니었을까 싶다. 장미가 늘 그날의 첫 선물이었다.

초봄에 시든 가지나 혹은 이리저리 삐치는 것들만 잘라 주면 아무런 추가 관리가 필요 없는 식물이 관목장미다. 꽃이 지고 나면 조금 다듬어 줄 필요는 있다.

## 꿈처럼 매일 변신하는 정원

정원의 표정이 또 달라졌다. 이제 옹벽들은 식물에 가려 보이지 않게 되었다. 어제만 해도 낮게 깔렸던 녹색들이 벌써 여름을 향해 발돋움하고 있다. 정원의 공간감이 사뭇 달라지기 시작한다. 아버지가 이런 이유로 키 큰 숙근초를 그리 사랑했던 것일까? 그럼에도 아버지는 늘 내 손을 잡고 작은 쿠션패랭이꽃 Dianthus gratianopolitanus 'Eydangeri'를 살펴보러 가셨다. 아버지가 특별히 사랑했던 꽃이다. 분홍색 꽃잎에서 어지러울 정도로 강한 향이 난다. 잎은 푸른 은빛이 돌고, 키는 고작 10센티미터에 불과하다. 이 꽃을 향한 아버지의 사랑을 내가 물려받았다.

잘 알고 있다고 믿고 있던 식물들이 사람을 놀라게 하는 경우가 있다. 분꽃나무 하나가 비실거리기에 자리를 옮겨 주었더니 올해 거의 카탈로그 사진 수준으로 환하게 피어올랐다. 나무수국 Hydrangea paniculata 'Kyushu'는 자기 고향 아시아의 명성이 부끄

5월의 관목장미는 아주 짧은 기간 동안
피어서 더욱 아름다운 것 같다.

포도송이 같은 중국등나무*Wisteria sinensis*의
보랏빛 꽃이 집의 남쪽 벽을 가득 채우고,
그 아래에서는 노란색 꽃이 피는 관목장미와
둥근인가목*Rosa spinosissima*이 서재 창문을 지킨다.

흰색의 오스트라몬다 정원 의자를 사이에 두고
뒤에서는 황금빛 꽃이 피는 장미 'Maigold'가, 앞에는
아르메니아 출신의 양귀비*Papaver lateritium*가 멋진
색의 삼중주를 연주한다.

많은 사랑을 받는 위실나무는 대개 2~3미터까지 자란다. 여기 '푀르스터 벤치' 뒤에서는 훨씬 크게 자라 공간을 완전히 장악한다. 이 벤치는 오스트라몬다 모델. 오른쪽으로 미국산수유가 엿보인다.

독수리 날개라는 별명을 지닌 서양주목 Taxus baccata 'Dovastonii Aurea'가 봄길에서 가을정원을 향한 시선을 열어 준다. 나사처럼 돌아가는 유럽개암나무에 시선이 스친다. 왼쪽 앞에 자리 잡은 만병초 'Baden-Baden'의 붉은빛이 눈부시다.

> 색의 삼화음에 따라 심으세요.
> 그래야 눈이 안정을 찾아요.

럽지 않게 우아한 순백의 층을 이루며 피어 있고, 그 뒤에 숨어서 작은 연분홍색 꽃을 피우는 움브로사범의귀$^{Saxifraga\ umbrosa}$가 바르르 떨고 있다. 프랑스에서는 이 꽃을 '화가의 번뇌'라고 부른다. 하도 떨어서 그릴 수가 없기 때문이란다.

미국에서 활동하는 독일 조경가 볼프강 외메$^{Wolfgang\ Oehme}$가 내게 선물한 식물이 하나 있는데 도무지 익숙해지지 않는다. 싱아$^{Polygonum\ polymorphum}$라고 하는 숙근초다. 아버지가 이 식물을 알았다면 아마 매일 살펴보았을 것 같다. 크림색 흰 꽃을 안개같이 피우는 식물인데, 해마다 봄이 되면 '싹이 날까, 나지 않을까' 노심초사하게 만든다. 그러나 해마다 정확하게 싹이 나온다. 올해도 어김없이 나와서 순식간에, 꼭 27일 만에 2미터로 자라 꽃을 가득 매달고 있다. 그리고 이게 가장 훌륭한 점인데, 가을까지 쉬지 않고 꽃이 피어 있다. 독일에 알려진 지 그리 오래되지 않은 이 숙근초를 아버지가 알았다면 틀림없이 그의 'LP 판' 목록에 올렸을 것이다. 아버지는 특히 꽃이 오래 가는 식물들을 그렇게 부르곤 했다.

## 색의 삼화음

집에서 바라볼 때 선큰정원 왼쪽 길가에 지름 1.5미터 정도 되는 커다란 맷돌이 하나 있다. 그것과 마주 보이는 위치에 연분홍 구름 같은 위실나무$^{Kolkwitzia\ amabilis}$가 서 있다. 그 아래 진분홍색$^{'Coccineus'}$과 흰색$^{'Albus'}$ 꽃을 피우는 붉은쥐오줌풀$^{Centranthus\ ruber}$이 자라고 있으며, 그 곁에는 60센티미터 키의 고양이민트$^{Nepeta\ ×\ faassenii}$ 'Walker's Low'가 연보라색 구름을 뒤집어쓰고 있다. 아름다운 색의 삼화음이 아닐까. 색상뿐만 아니라 식물의 형태도 서로 조화를 이룬다.

새로운 식물을 손에 들고 심을 자리를 찾아 정원을 돌아다닐 때면 아버지와 마음속으로 대화를 나누곤 한다. "이 식물을 어디에 심어야 잘 어울릴까요?" 위의 삼

마리안네가 사랑했던 돌부채 'Eroica'.
칼 푀르스터의 제자였던 에른스트 파겔스 Ernst Pagels가
육종했다. 뒤에 살짝 보이는 지중해대극
울페니이 Euphorbia characias ssp. wulfenii와 돌부채
'Eroica'의 자줏빛 꽃의 조화가 눈을 찌르는 듯하다.

5월 말이면 위실나무의 분홍빛
꽃구름이 개양귀비 Papaver rhoeas의
꽃도 무색하게 한다.

2022년에 복원한 새장. 눈부신 흰 꽃이
피는 만병초 'Cunningham's White'가
양옆에서 호위하고 있다.

선큰정원의 심장부라 할 수 있는 연못가에서 팔리다붓꽃Iris pallida이 가히 여왕의 풍모를 자랑하기 시작했다. 화분에 갇혀 번지지 못하는 그라스 개밀아재비 'Blue Dune'의 키를 어느새 넘어섰다. 그 외에도 단풍나무와 도자기 의자, 흰 벤치 등이 연못의 동반자들이다.

독일붓꽃의 꽃잎을 자세히 보면
늘어진 꽃잎과 꼿꼿한 꽃잎들을
합쳐 구성한 조각품 같다.

가을에 꽃이 피는 독일붓꽃Iris × germanica 'English Cottage'. 뒤편으로 멀리 보이는 연못가의 단풍나무에 어느새 붉은 잎이 가득하다.

귀한 티벳 원산 난 Pleione이 고운 모습으로 자라고 있다.

악명높은 잡초 산미나리 Aegopodium podagraria와 흡사하지만, 정원식물로 인정받는 산미나리 'Variegata'가 붉은삼지구엽초 Epimedium rubrum, 개고사리 Athyrium niponicum 'Metallicum'의 잎들과 서로 얽혀 정교한 문양을 수놓는다.

'베들레헴의 별'이라는 예쁜 별명으로도 불리는 젖빛무릇 Barnardia. 4월에서 5월까지 계속 꽃이 피고 해마다 예뻐지면서도 심하게 번지지 않아 좋다.

화음은 아버지도 칭찬할 것 같다. 노란색과 분홍색을 같이 조합하는 것을 아주 싫어하셨는데, 내가 보기에 연한 레몬색과 살구색이 도는 분홍색은 괜찮아 보인다. 정원을 찾은 방문객들과 대화하다 보면 여태 색의 조화에 둔감하던 분들이 귀를 바짝 세우고 경청하는 경우가 많다.

정원에는 흰 꽃이 많을수록 좋다. 색과 색 사이에서 완충 역할을 해 주고, 서로 어울리지 않는 것들도 연결해 주기 때문에 흰색은 빠질 수 없다.

## 이제는 여름이 와도 좋다

검은지빠귀 새끼들이 부화한 지 꽤 되었다. 이제 제법 깃털이 나오기 시작한다. 아주 조심스럽게 이들이 성장하는 모습을 지켜보노라면 검은지빠귀 가족을 향한 존경심이 저절로 우러나온다. 부모뿐만 아니라 삼촌과 이모 들까지 총동원되어 새끼들을 먹이고 있다. 퇴비 더미를 수시로 드나들며 지렁이를 찾아내는데, 그 자리에서 잘게 잘라서 가지고 간다. 지렁이를 가엾다 느끼게 만드는 광경이다.

이제 한해살이풀을 심을 시기가 되었다. 이들은 가을에 서리가 내릴 때까지 우리 정원과 함께하는 충실한 조력자다. 대륙의 기후에서는 5월 중순 이전에는 절대 한해살이풀을 심지 말아야 한다. 5월 11일에는 마메르투스, 12일에는 판크라티우스, 13일에는 세르바티우스, 14일에는 보니파치우스, 15일에는 차가운 소피아까지 '얼음 성자'*들이 차례로 정원을 찾기 때문이다. 이때 한해살이풀이 가장 피해를 많이 입는다. 한해살이풀은 아버지 생전에 어머니가 심기 시작했다. 어머니는 벼과 식물들과 가을꽃 사이사이에 버들마편초$^{Verbena\ bonariensis}$를 심었다. 버들마편초는 가늘고 긴 꽃대 위에 작은 연보라색 우산을 거꾸로 펼쳐든 것 같은 꽃을 피우는데, 다른 모든 꽃 위에서 바람에 하늘거린다. 씨를 풍성하게 뿌려 번식하는데, 특히 벼과 식물 사이에 심는 것이 가장 예쁘고, 키 작은 아스터나 한해살이풀 중에서는 빨간색, 분홍색 꽃을 피우는 풍접초$^{Cleome\ houtteana}$와 가장 잘 어울린다. 버들마편초와 풍접초는 식물의 느낌과 색상이 서로 흡사하여 자연스럽게 어우러진다. 어느 날 방문객으로부터

---

*
유럽 중부 이북의 내륙 지방에서는 예로부터 5월 중순에 한 차례 추위가 다시 찾아오는데, 이를 두고 차갑고 엄격한 성자들이 밤에 찾아온다고 표현하여 '얼음 성자'들의 날이라 부른다. 5월 15일 이후에야 봄이 완전히 자리를 잡는다고 말한다.

꽃 색이 일반 종에 비해 짙은 편인
쪽빛컴프리 Symphytum azureum 뒤에 숨어서 앞서
소개한 분홍색 꽃 튤립 'Big Chief'와 보라색 꽃
'Negrita'가 바탕색을 물들이고 있다.

암석정원에서 이따금 이렇게 뜻하지 않은 장면과
만난다. 예를 들면 야생종 만병초의 가녀린
가지에 핀 짙은 보랏빛 꽃과 돌부채의 붉은색
잎이 만들어 내는 어울림 같은.

서아시아부추 Allium aflatunense 'Purple Sensation'은
이름이 무색하지 않게 그 '붉음'이 정말 '센세이셔널'하다.

암석정원에서 서둘러 나타나는 레바논 원산 알리움
젭다넨세 Allium zebdanense 는 쉽게 볼 수 없는 식물이다.

> 누가 정원 사랑으로부터
> 배움을 얻는가?

엽서가 한 장 날아왔는데 "내 버들마편초는 지금 베를린 4층 아파트 발코니에서 삽니다. 바람에 춤을 추지만 부러지지 않고 매일 나를 기쁘게 합니다"라고 적혀 있었다.

키 1.75미터 정도까지 크며 흰색 꽃이 피는 숲꽃담배$^{Nicotiana\ sylvestris}$는 저 혼자 1.65제곱미터$^{반\ 평}$ 정도의 공간을 차지하는데, 희고 특이한 꽃과 강한 향기로 오감에 호소하는 식물이다. 이 식물들이 지고 나면 씨를 모아서 방문객들에게 선물하곤 한다. 모두들 아주 좋아한다.

한해살이풀의 꽃이 피기 시작할 무렵이면 길섶에서 알리섬$^{Lobularia}$의 흰색 꽃이 같이 핀다. 이 식물 역시 향이 기막히다. 꽃이 지고 나면 바로 잘라 주는데, 그러면 틀림없이 한 번 더 꽃이 핀다. 한해살이풀들은 정기적으로 액비를 주어야만 한다. 그 효과는 무럭무럭 자라나는 잡초로 나타난다.

중앙 계단의 마지막 단에는 예로부터 큰 화분 두 개가 놓여 있다. 여긴 각각 하늘색과 레몬색 꽃이 피는, 향기 나는 페튜니아$^{Petunia}$들이 자리 잡는 곳이다. 그 옆에 상주하고 있는 라벤더, 안개꽃과 근사한 조화를 이루며, 특히 계단 돌 틈에서 자라면서 보라색 꽃을 피우는 보라쿠션초롱꽃$^{Campanula\ poscharskyana}$ 'Stella'와 사이가 아주 좋다.

나팔꽃 작선

나팔꽃$^{Ipomea\ tricolor}$ 'Heavenly Blue(Morning Glory)' 심기는 아버지 시대에 시작하여 벌써 몇 십 년째 이어 가고 있는 전통이다. 1940년에 발간된 아버지의 책 《정원의 파란 보물들》의 초판 표지를 장식한 식물이 바로 이 '황제나팔꽃'이다. 이 나팔꽃이 4미터 정도 자라면 3층으로 올라가 창문에서 줄을 더 길게 매 주었는데, 해마다 그 정도까지는 자란다. 그 높이에서 꽃이 활짝 피면 사람들은 그게 한해살이풀이라는 사실을 믿지 않으려 한다. 영국식 이름 '헤븐리 블루(모닝 글로리)'라는 이름이 무색하지 않게 해가 강한 날이면 이미 정오에 벌써 꽃을 닫아 버린다.

 3년 전부터 색이 좀 더 진한 남색 꽃을 피우는 인도나팔꽃$^{Ipomoea\ indica}$을 심어 집 벽에만 감아 올라가게 하지 않고 시름시름 앓고 있는 일본당단풍에게도 감아 준다. 위로가 좀 될지 모르겠다. 이 인도나팔꽃은 형언할 수 없는 깊은 남색으로 피며 햇빛도 좀 더 잘 견디는 편이다. 겨울에 화분 째로 밝고 선선한 곳에 놓아두면 월동도 되고 늦여름에 삽목하면 번식도 가능하다. 초봄에 프라이징의 수목원에서 일하는 정원사 한 분이 나팔꽃 모종을 보내 왔다. 흰색 꽃이 피는 달빛나팔꽃$^{Ipomoea\ alba}$이다. 그분이 작년에 우리 정원을 다녀가면서 보내 주겠다고 약속한 나팔꽃이었다. 달빛나팔꽃이라는 이름이 괜히 생긴 것이 아니었다. 저녁 때 접시만 한 흰 꽃이 열리면서 백합을 닮은 고혹적인 향을 내뿜는데, 밤새도록 피어 있다가 다음 날 아침에 해가 뜨면 꽃이 닫힌다. 5미터까지는 자랄 것이라고 했는데, 그 배 이상으로 컸다! 이럴 때면 부모님 생각이 더 난다. 두 분이 있었다면 이 꽃을 보고 얼마나 기뻐했을까.

## 대형 화분의 전통을 이어 가다

아버지 시대에 이미 대형 화분에 보라색 꽃이 피는 '아가판서스$^{Agapanthus-Hybriden}$'나 선홍색 꽃이 피는 마젤란후크시아$^{Fuchsia\ magellanica\ var.\ gracilis}$와 분홍색과 흰색 꽃이 피는 협죽도 등 남국의 식물들을 심어 선큰정원이나 큰 나무 아래 여기저기 배치해 두었다. 그때는 귀한 일본 자기 화분도 하나 서 있었는데, 그 안에서 박새들이 알을 낳고 부화했다. 말하자면 새집이었다. 언제인지 깨져 버렸는데 그 조각을 아직도 보관하고 있다.

 협죽도에 충해가 생겼다. 이 경우에는 잘라 주는 수밖에 다른 도리가 없는데, 그래서인지 올해는 꽃이 적게 피었다. 황제나팔꽃 아래에는 사각형 큰 화분에 제라늄$^{Pelargonium}$ 'Magic Lantern'을 몇 해 전부터 심고 있다. 주황색 홑꽃이 피며, 비바람에도 끄떡없고, 주목에 기대어 1미터 50센티미터까지 자란다. 지중해 쪽으로 여행 갔다가 가져왔는데, 그 사이 많이 번식해서 여기저기 나누어 주고 있다. 아마 지금 포츠담 전역에서 자라고 있을 것이다. 상수시에서도 자라고 있다. 키 작은 숲꽃담배와 페루향수초$^{Heliotropium\ arborescens}$, 그리고 꼿꼿하게 키운 플룸바고$^{Plumbago}$를 큰 화분에 담아 정면 테라스 벤치 양쪽과 중앙 계단가에 늘 내다 놓는다. 방문객 중에는 플룸바고를 보고 파란풀협죽도라고 하는 이들도 더러 있다.

꽃사과나무*Malus × zumi* 'Professor Anton Sprenger'의 계절이 왔다. 다간형 단풍나무의 검은 줄기와 짙은 녹색의 주목이 멋지게 배경이 되어 주고 있다.

선큰정원의 장미 *Rosa mayesii*
'Maguerite Hilling'이 개화 절정기를
맞았다. 무탈한 편이나 1년에 한 번만
개화하는 것이 아쉽다.

다알리아Dahlia 역시 늘 우리 정원에서 함께했던 오랜 친구다. 그중 'Gerrie Hoek' 이라는 오래된 품종이 하나 있는데, 꽃이 수련을 꼭 닮았다. 어려서 아버지 회사에서 정원사 교육을 받을 때 내가 이 수련을 닮은 다알리아를 수생식물 판매용 큰 물확에 넣어 둔 적이 있다. 장난이었는데 하필 고객들이 바로 '저 수련'만 사겠다고 해서, 낭패를 본 적이 있다. 몇 년 전에 아주 어렵게 두 개를 구해서 심었다. 그 밖에도 다알리아로는 붉은 오렌지색 'Olympic Fire'가 좀 뒤편에 비켜서 있고, 앞서 말한 분홍 구름꽃을 피우는 위실나무 옆에 검붉은색 홑꽃 'Bishop of Llandaff'가 자리 잡았다. 주교 옆에 크림색 'Swanlake백조의 호수'를 세워 주었다. 그 건너편 맷돌 주변에는 동료로부터 선물 받은 황금색 'Yellow Hammer'가 양지꽃과 원추리를 들러리로 세우며 자라고 있다. 이곳은 여러 노란색이 어우러져 아주 따사로운 느낌을 주는 곳이다.

6월 초에서 6월 말까지

초
여
름

키가 3미터 이상 자라는 자이언트억새*Miscanthus sinensis* 'Giganteus'에서 시작해, 반시계 방향으로 능수버들, 향나무 등으로 시선을 한 바퀴 돌리고 나면 왼쪽에서 기린처럼 목을 길게 빼고 있는 자이언트체꽃*Cephalaria gigantea*과 만나게 된다.

> 숙근초 품종은
> 당신 정원의 운명이야.

6월은 제법 좋은 날씨로 시작되었다. 비단큰여뀌<sup>Aconotum sericeum</sup>의 흰 구름꽃을 배경으로 자줏빛 알리움<sup>Allium</sup> 'Globemaster'가 커다란 지구본처럼 떠 있다. 자로 재 보니 지름이 20센티미터 가량 된다. 잘하면 30센티미터까지 큰다고 하던데……. 꽃대의 길이만 1미터가 넘는다. 나도 이 거짓말 같은 꽃을 2001년도 정원박람회에서 처음 보았다. 그때 완전히 매료되어 우리 정원에 심었다. 매년 구근을 몇 개씩 더 사다 심고 있으니, 아마도 곧 목걸이처럼 줄줄이 키 작은 숙근제라늄<sup>Geranium × cantabrigiense</sup> 'Biokovo'와 'Cambridge' 그리고 파란 잎 옥잠화들 사이에서 쑥 올라올 것이다. 숙근제라늄과 옥잠화 사이로 비단큰여뀌가 비집고 들어섰는데, 어느 틈에 알리움의 흰 면사포처럼 되어 버렸다. 그 곁에서 거의 형광빛을 발하는 짙은 남색의 숙근제라늄이 알리움의 자주색을 받쳐 주고 있다. 따져 보니 이 제라늄은 심은 지 꼭 20년째 되는 것 같다. 제라늄 뒤에는 장미 'Marguerite Hilling'이 울타리처럼 빙 둘러서 있다. 아쉽게도 장미꽃들이 만개하여 곧 시들 것 같다.

숙근초 뒤에서 배경을 이루는 수목들도 그새 모양이 많이 달라졌다. 미국사슴뿔나무<sup>Gymnocladus dioicus</sup>(나뭇가지 모양이 꼭 사슴뿔 같아서 붙은 이름)가 뒤늦게 녹색으로 변해 가고 있다. 잎 사이로 아직 갈색의 잔가지들이 보인다. 섬세한 생김새가 일본에서 온 것 같지만 북미 출신이다. 거기서는 '켄터키 커피나무'라 불린다. 미송과 캐나다솔송나무 사이에 비좁게 끼어 있는 것이 안타깝기는 한데, 이 나무의 연두색이 소나무들의 진한 녹색과 대비되어 황홀하다. 가을에 다시 한번 이야깃거리가 될 것 같다.

6월 9일, 북부지역에 사납게 비바람이 불고 호우주의보까지 내렸다. 제비고깔이 막 꽃을 피우기 시작할 무렵이라 얼마나 애를 태웠는지 모른다. 다행히도 제비고깔과 다른 작은 숙근들은 별 탈이 없었는데 여뀌와 작약은 그만 누워 버려서 묶어주어야 했다. 그날 제곱미터당 11.6리터의 비가 쏟아졌다. 여기서는 드문 일이다.

위: 선큰정원에서 바라본 집 입면. 1970년대에 만들어 넣었던 파노라마 창문을 철거하고 다시 초기 상태로 되돌렸다. 입면의 균형이 이제 다시 맞는다는 평이 우세하다.

아래: 집 거실 창문에서 내다보면 선큰정원이 한눈에 잡힌다. 도로 쪽으로 시야를 차단하는 캐나다솔송나무 병풍 덕분에 분홍빛이 도는 포장석과 계단의 구조가 선명하게 드러난다.

초여름

저녁 무렵 선큰정원에서 뽀얀 안개가 올라와 정원이 마법에 싸인 것 같다. 꽃들이 마치 파스텔화로 그린 것처럼 보인다. 파란색과 회색의 차가운 바탕에 사이사이 오리엔탈양귀비$^{Papaver\ orientale}$의 빨간색이 불꽃처럼 타오르고 있다. 알리움은 금속제 공으로 변해 먼 곳에 둥둥 떠다니는 것 같다. 그것을 보고 있노라니 과거 정원에 유리공이 꽂혀 있었던 것이 생각난다. 유리공을 몇 개 사와야 할까 보다.

이번 비에 장미들도 고생을 좀 했다. 지금 꽃이 피고 있는 장미 중 아버지 때부터 있던 것은 74년 된 갈리카장미$^{Rosa\ gallica}$ 'Complicata'뿐이다. 당시 정원 주변에 쳐 놓은 트렐리스를 감고 올라가던 장미들이다. 나중에 트렐리스를 철거한 후에는 가지를 쳐서 큰 관목으로 기르고 있다. 우리 정원사가 최근에 포기나누기를 해서 작은 것 하나가 더 생겼다. 이들은 1년에 한 번만 꽃이 피고 마는데, 대신 가장 아름다운 열매를 맺는다. 겨울까지 빨갛게 남아 있기 때문에 크리스마스 장식으로 쓰기에 안성맞춤이다. 그건 겨울 이야기이고 지금은 진분홍 꽃이 만개하여 그 앞을 지키고 서 있는 제비고깔꽃의 보라색과 기막힌 조화를 이룬다. "제비고깔은 장미의 기사"라고 아버지가 늘 하던 말이 문득 떠오른다.

### 장미는 언제 보아도 기쁘다

장미들이 앞다투어 피기 시작한다. 붉은쥐오줌풀 'Angela' 앞에 분홍색 꽃 계열의 관목장미 두 그루, 'Bonica 82'와 'Centenaire de Lourdes'가 나란히 서 있다. 그 옆에 역시 분홍색 꽃이 피는 'Angela'가 두 그루, 다음 눈고산안개초$^{Gypsophila\ repens}$ 'Rosea' 옆에는 장미 'Romanze'가 서 있는데, 눈고산안개초와 칼라민타그란디플로라$^{Calamintha\ grandiflora}$가 이 장미와 상당히 잘 어울린다. 뒤쪽으로는 연분홍색 꽃이 피는 'Clair Martin'이 우아하면서도 당당하게 서 있는데, 이 장미는 아주 오래 꽃이 피는 품종이다. 오스틴 장미 계열*의 'Heritage'는 흰색 겹꽃이 피는데, 속이 꽉 차서 무거울 정도다. 그 앞에 은빛 파란색 꽃이 피는 페로브스키아$^{Perovskia\ abrotanoides}$가 지키고 있어 장미의 얼굴을 보려면 꺾는 수밖에 없다.

집에서 정원으로 가는 계단 겸 베란다 기둥에 장미 'Ilse Krohn Superior'가 수줍

---

★
오스틴 장미는 영국의 유명한 장미 육종가 데이비드 오스틴$^{David\ Austin}$이 육종한 품종들을 통틀어 일컫는다. 향이 자극적이며 식물이 강건한 것이 특징이다

선큰정원의 시각 축. 큰비비추, 장미
'Clair Martin'이 초여름의 장면을 이끈다.
이 둘은 가장 믿음이 가는 선큰정원의
동반자들이다. 특히 장미 'Clair Martin'은
은은한 향을 풍기며 가을까지 꽃이 핀다.

가을정원에서 억새 줄기 너머에 서 있는 봄길
쪽의 수많은 알리움 'Globemaster'를
바라본다. 직경 20센티미터가 넘는 이 품종은
처음 나왔을 때 모두 감탄사를 연발했지만,
요즘은 비교적 흔해졌다.

입면만 제자리로 되돌린 것이 아니라
옛날 사진을 근거로 덩굴장미 'Gruss an
Heidelberg안녕, 하이델베르크'도 그때
그 자리에 다시 심었다.

집 왼쪽에 돌출된 서재의 벽에는 흰색 꽃이 피는
덩굴장미 'Alaska'를 심어 대조를 이루게 했다.
덩굴장미는 모두 마리안네와 친했던 코르데스
장미원에서 납품한 것이다.

향이 너무 좋아 많은 사랑을 받는 장미지만
아쉽게도 이름을 아무도 모른다.

게 기대어 있다. 어머니가 소녀 시절부터 가꾸던 장미인데 정원에서 사업장으로 가는 길목을 지키고 있다가 언젠가부터 보이지 않았다. 뒤늦게 그 사실을 알게 되어 내심 속상했었는데, 1989년 통일 직후 드디어 어느 장미원에서 똑같은 것을 찾아 사다 심은 것이다. 어머니 왈, "거봐, 너무 아름답지?" 최근에는 'Eden Rose 85' 한 주를 구입했는데, 심을 자리를 찾지 못해 아직 화분에서 지낸다. 대체 어디다 심어야 좋을지 모르겠다. 자리가 없는 줄 알면서도 너무 예뻐서 그만…….

검은지빠귀 새끼들이 모두 부화해서 날아갔다. 그런데 살펴보니 둥지에 알 하나가 동그마니 남아 있다. 저쪽에서는 어린 새 한 마리가 뒤뚱거리며 어디론가 걸어가고 있다. 부모 새들은 아직도 모이를 물고 이리저리 날아다닌다. 이 새 둥지는 건축학적인 관점에서 볼 때 정말 명작이다. 가장 안쪽의 기본 구조는 흙으로 빚었고, 그 다음 켜는 잔 나뭇가지들을 썼으며, 가장 외곽은 나무껍질로 둘렀다. 아니면 바깥에서부터 시작해서 안으로 만들며 들어간 것일까? 초등학교 아이들이 답사를 왔다가 새 둥지를 보고 너무 좋아한다. 그래서 그것을 학교에 선물했다.

6월 중순, 일요일이다. 또 한 차례 비가 시원하게 내렸다. 제곱미터당 10리터가 내렸으니, 이 지역에서는 큰비에 속한다. 비가 오니 흙이 너무 좋아한다. 그러다가도 하루만 해가 내리쪼이면 금세 말라 버린다. 물이 다 어디로 다 새는 것일까. 하도 답답해서 한번은 풀을 잘라서 풀협죽도 주변을 덮어 준 적이 있다. 흙이 마르지 말라고 한 것이지만 다시는 할 짓이 못 된다. 거기서 마구 자란 데이지들을 여태 몰아내지 못하고 있다.

## 장미의 기사에 관하여

6월 중순, 드디어 장미의 기사* 제비고깔들의 멋진, 그러나 너무 짧은 시대가 열렸다. 우리 정원에 있는 제비고깔들은 꽃색을 섞어서 크게 세 군데에 나누어 심었다. 아주 연한 하늘색 꽃이 피는 'Sopran'부터 가장 진한 보라색 꽃이 피는 'Tempelgong산사의 종'까지. 그중에는 물론 아버지가 육종한 'Abgesang마지막 노래', 'Berghimmel먼 산의 하늘', 'Finsteraarhorn최고봉', 'Klingsor마왕' 그리고 'Morgentau아침 이슬'이 섞여 있다. 그밖에 후세가 육종한 것들도 있다. 연한 하늘색 꽃잎에 흰 눈동자를 지닌 'Augenweide

---
*
제비고깔과 장미가 너무 잘 어울린다고 하여 칼 푀르스터는 제비고깔에게 '장미의 기사'라는 별명을 붙여 주었다.

눈에 넣어도 아프지 않은'이나 진한 남색 꽃잎에 역시 흰 눈을 가진 'Polarnacht북극의 밤', 그의 쌍둥이 자매인 흰색 꽃이 피는 'Polarfuchs북극 여우'를 아버지가 보았더라면 몹시 기뻐하셨을 것이다. 'Waldenburg발덴부르크'★나 'Lanzenträger창잡이'도 훌륭한 제비고깔 신품종들이다.

후세가 만들어 낸 아름다운 신품종들도 아버지가 육종한 것들과 나란히 자리 잡게 하는 것이 옳아 보인다. 제비고깔 개량종들은 생각보다 관리가 그리 쉽지 않다. 성공하려면 몇 가지 관리의 기본 원칙을 준수해야 한다. 우선 늦봄이나 초여름에 심을 것, 가장 좋은 퇴비 흙에 말똥 삭은 것을 충분히 그리고 고루 잘 섞어 줄 것. 꽃이 지고 난 후 잘라 주고 다시 한번 거름을 줄 것. 그리고 물을 충분히 줄 것. 꽃이 지고 난 뒤 꽃대 자르는 방법은 우선 지상에서 50~60센티미터 정도 높이에서 꽃대를 1차로 잘라 준 후 기다린다. 잎이 다시 나와 풍성해지면 그때 비로소 꽃대를 바짝 잘라 주는 것이 좋다. 그래야 꽃이 있던 자리가 뻥 뚫린 느낌이 되는 것을 방지할 수 있다.

제비고깔의 가장 큰 적은 민달팽이다. 보통은 그리 심각하게 여기지 않지만 가능한 한 퇴치하는 것이 좋다. 민달팽이들은 제비고깔뿐 아니라 비비추나 다알리아도 귀신같이 냄새를 맡고 찾아와 갉아먹기 때문이다. 너무 많으면 손으로 잡아서 양동이에 모은 다음 뜨거운 물을 부어서 퇴비 더미에 갖다 버린다. 가을에 퇴비가 잘 썩은 다음 제비고깔 주변에 고루 뿌려 주는데, 겨울에 보호도 되고 양분도 공급하는 이중의 효과가 있다. 그뿐 아니라 제비고깔 사이사이에 서 있는 아이리스도 고마워한다. 작년에 그렇게 해 주었더니 올해 아이리스가 어느 때보다 튼튼해 보인다.

반그늘을 상당히 좋아하는 풀협죽도와는 달리 제비고깔은 뙤약볕을 즐긴다. 이제 장미의 기사들의 시대가 서서히 저물어 가는 것 같다. 비가 또 한 차례 세차게 뿌리고 간 이후 많이 상했다.

## 시심 가득한 신세대 장미의 기사들

아버지는 제비고깔을 유난히 사랑해서 글을 여러 편 쓰셨다. 그 속에 그의 열정과 경험이 고스란히 담겨 있다. 1929년에 쓴 《정원의 순수한 파란색》이라는 책을 보면 이

---

★

Waldenburg라는 이름을 가진 도시와 성이 독일과 스위스 전역에 여러 개 있으며, 발덴부르크라 불리는 성씨도 있어 그중 어느 것을 말하는지 알 수 없다.

장미 'Angela'의 우아한 연어살색 꽃이 버지니아냉초 *Veronicastrum virginicum* 'Temptation'과 어우러지고 그 뒤에서는 싱아가 우윳빛 구름을 펼칠 기세다.

'Lanzenträger창잡이'라는 품종명의
제비고깔. 꽃 색이 두 가지로 나타나는 것이
특징이며 9월까지 꽃이 핀다.

꽃에 약간의 신비한 분홍빛이 돌고,
눈이 검은 'Overtüre서곡'.
꽃이 일찍 피기 시작하여 꽤 오래도록
피어 있는 품종이다.

칼 푀르스터가 육종한 제비고깔 중
가장 아름다운 것에 속하는
'Finsteraarhorn최고봉'. 꽃잎이 거의
검은 색을 띠는 것이 특징이다.

풀나리Anthericum liliago는 이 정원에서
흔치 않은 독일 자생종이다. 곁줄기가 없는
것이 특징이다. 야생 난 같은 예쁜 흰
꽃에서 은은한 향이 난다.

> 파란색은 영원한 희망의 색이야.
> 다른 어떤 색보다도
> 더 큰 기쁨을 주지.

런 글귀가 나온다.

"제비고깔 없는 정원에서는 여름 아침의 승리를 제대로 다 이루어 낼 수 없다. 이른 새벽 아직 날이 채 밝기 전에 조심스럽게 제비고깔의 세계로 다가간다. 이 파란색의 꽃탑들은 동그랗게 뜬 눈으로 밤을 지새고 나서 이슬에 목욕하고 조용히 서 있다. 새로운 날이 제비고깔이 되어 말할 수 없는 고요함으로 미끄러지듯 다가온다. 이들은 용감한 기사가 되어 온몸에 이슬을 맞은 채 보석처럼 빛을 뿌리며 밤의 무게를 고스란히 감당해 냈다. 밤새 땅의 깊은 힘을 들이마시고 이제 신선한 푸른 힘으로 다시 태어나 세상을 장악하고자 아침에 섰다. 파란색은 새들의 아침 노랫소리처럼 다양한 색상으로 깨어난다. 집과 숲 사이에 깊이 잠긴 선큰정원에 첫 햇살이 내려앉는다. 여기저기서 파란 파이프오르간이 울리기 시작한다. 꽃대, 꽃송이, 꽃망울이 두드러지며 자신의 파란 빛에 스스로 그림자를 드리운다. 창문에서 스며 나오는 빛이 그림자의 반대편을 비춘다. 정원은 숨을 죽이고 빛과 그림자의 파란 유희에 몸을 맡긴다."

## 살비아의 전성시대

여름살비아*Salvia nemorosa*와 세이지*Salvia officinalis*★를 필두로 정원에 이제 살비아의 전성시대가 열렸다. 살비아는 정말 근사한 종과 품종을 많이 보유하고 있는 고맙고 귀한 식물이다. 지난 2001년도 포츠담에서 정원박람회가 열렸을 때 보았던 그 근사한 광경을 잊을 수가 없다.

박람회장 경사면 전체가 온통 자줏빛 보라색 꽃을 피운 살비아로 뒤덮여 있었

---

★ 살비아 중에서 세이지는 가장 오래된 종으로, 예로부터 약용식물로 사용되었다. 숙근초에 *officinalis*라는 종명이 붙으면 약용식물이라는 의미다.

고, 사이사이에 연보라색 꽃이 피는 고양이민트와 불꽃 같은 꽃을 피운 오리엔탈 양귀비가 내다보고 있었다. 고속도로 경사면도 이렇게 심는다면 얼마나 좋을까. 그런데 혹시라도 길이 밀리거나 사고가 날까? 내 생각에는 정원에 살비아를 좀 더 많이 심으면 좋겠다. 색도 다양하고 여러모로 정원에 없어서는 안 될 존재다. 살비아 'Berggarten두메정원'은 잎에 은빛이 돌아 차분한 공간을 만들어 내기에 맞춤이며, 옹벽 위에 심으면 아주 보기 좋다. 이 식물은 뜨거운 태양과 건조한 공기를 사랑한다. 화단에 심으면 오히려 봄의 습한 토양 때문에 지저분해 보이기 쉽다. 이때 잘라 주는 수밖에 없는데, 그러면 꽃이 피지 않는다. 역시 은빛 잎을 가진 스페니시세이지*Salvia lavandulifolia*는 잎이 아주 작고 단단하다. 늘 실망시키지 않고 정확하게 꽃이 피는데, 장미 'Bonica 82' 발치에 심었더니 둘이 어찌나 잘 어울리는지 모르겠다. 이 살비아는 깨끗한 보라색 꽃이 피며 꽃이 지고 난 후 꽃대를 잘라 주면 다시 깔끔해진다.

여름살비아 중에는 좋은 품종이 상당히 많다. 아버지가 육종한 것들이 잘 자라고 있다. 'Mainacht5월의 밤'가 가장 먼저 진한 보라색 꽃을 피웠다. 그 뒤를 따른 것이 'Ostfreisland'독일 북부 발트해에 연한 지역 이름로 역시 진한 보라색 꽃이 핀다. 다음에 분홍색 꽃들이 연달아 피었다. 키가 큰 'Amethyst자수정'에 이어 'Rosakönigin분홍 여왕'이 피었고, 그 뒤편으로 최근의 신품종들이 서 있다. 깊은 남색 꽃이 피는 호리호리한 남국의 미인 'Caradonna숙명의 여인'와 'Tänzerin무희'의 모습이 우아하다.

하늘색 꽃이 피는 'Blauhügel파란 언덕'과 가장 잘 어울리는 것은 역시 그 자손 격인 'Schneehügel눈 쌓인 언덕'의 흰색 꽃일 텐데, 누군가 여기 자기 아들의 이름인 '아드리안'을 붙여서 등록을 해 버렸다. 이 두 품종을 만들어 낸 이는 아버지 제자 에른스트 파겔인데, 엉뚱한 이름으로 등록되었다는 사실에 적이 상심했었다.

살비아 화단에서 가장 높이 서서 모두를 굽어 보고 있는 구름 같은 존재는 클라리세이지*Salvia sclarea*라는 이름의 살비아다. 연하늘색 바탕에 흰색과 분홍색이 어른거리는 아름다운 꽃이 피지만, 아쉽게도 너무 빨리 지고 만다.

여름살비아들은 아버지의 'LP 판' 목록에 속했던 식물이다. 그러나 이들을 정말 오래가게 하려면 꼭 제때 잘라 주어야 한다. 제일 먼저 꽃이 피었다 지는 가운데 꽃대를 먼저 잘라 주고, 다른 것들도 피고 질 때마다 바로 잘라 주면 새 꽃이 나온다. 살비아 재배원처럼 꽃밭에 살비아만 대량으로 심었을 때는 이발하듯 전체를 한꺼번에 잘라 주는데, 그러면 몇 주 후에 새것처럼 말끔히 다시 피어난다. 우리 정원에서는 그런 방법을 적용할 수 없다. 방문객들이 늘 꽃이 피어 있는 모습을 보고 싶어 하기 때

암석정원의 패랭이 이중주. 해변패랭이꽃 *Dianthus plumarius*
'Roseus'와 쿠션패랭이꽃이 단연 시선을 끈다. 이미
꽃이 진 붓꽃은 긴 잎만 창검처럼 치켜들고 있고,
그 사이로 내다보이는 몬타눔알리섬 *Alyssum montanum*의
노란연두색이 귀엽다. 이 작은 식물의 뿌리는 돌도 팰 수
있다고 해서 석공이라는 별명으로도 불린다.

여름살비아는 모든 살비아 중 장식성이
가장 높다고 할 수 있다. 한 번 잘라 주면
개화기를 연장할 수 있다.

작약의 흐드러진 꽃잎은 방문객들의 아낌없는 감탄의 대상이다. 꽃을 자세히 들여다보면 정말 예술이다.

붉은 작약, 흰 작약이 '괴테 벤치'를 꿈처럼 감싸고 있다.

연못가 석축 위에서 무언가를 노리고 있는 고양이 치비.

문이다.

어느 틈에 살비아꽃이 다 지고 말았다. 이제 오리엔탈양귀비 'Lambada'가 피어 그 자리를 메워 준다. 'Lambada'는 꽃이 좀 요란하기는 하다. 정원 전체의 색이 파스텔 계열인데 홀로 진한 오렌지색으로 불거져 좀 조화롭지 못해 보이지만 사람들은 이 화려한 꽃을 무척 좋아한다. 선큰정원 가운데 쪽으로는 조용한 분홍색꽃 양귀비들만 심었다. 장미, 숙근형광제라늄$^{Geranium\ \times\ magnificum}$과 썩 잘 어울린다.

오리엔탈양귀비 중 'Rosenpokal'$^{장미우승컵}$ 역시 아버지가 육종한 품종인데, 지금은 찾을 수가 없다. 대신 10여 년 전에 진한 빨간색 꽃이 피는 'Funkturm'$^{송전탑}$을 아버지의 오랜 지기로부터 물려받았다. 옛날에 아버지로부터 받은 것을 되돌려 준 셈이다. 나의 유산이라고 하면서.

구석에 숨어서 얼마나 아름답게 피는지. 보고 있으면 한숨이 나온다. 2001년, 어느 노신사 한 분이 정원을 찾아왔다. 천천히 둘러보던 중 오리엔탈양귀비 앞에서 걸음을 멈추더니 "아이쿠, 이거 칼의 송전탑이네!"\*라고 외치는 것이 아닌가. 알고 보니 예전에 아버지 밑에서 정원사 교육을 받은 분이었다. 아버지의 교육과정 첫 과제는 늘 뿌리를 잘라 삽목하는 것이었는데 "그때 얼마나 진땀을 뺐는지 잊을 수가 없어"라고 하셨다. 숙근초들은 파종을 하면 변종이 많이 나와 품종을 유지하기 어렵다. 품종을 똑같이 유지하고 싶으면 반드시 삽목해야 한다. 그래야 유전자가 그대로 유지된다. 그런데 요즘 재배원에서는 품종 관리가 예전만 못한 것 같다. 벌써 오래전부터 깊은 빨간색 꽃이 피는 오리엔탈양귀비 'Beauty of Livermeer'를 찾고 있는데, 주문할 때마다 색상이 조금씩 다른 것들이 온다!

작약, 그중에서도 겹꽃들이 이번에는 좀 고생하는 것 같다. 소나기가 자주 와서 작약을 여러 번 쓰러뜨렸기 때문이다. 묶어 주었지만 효과가 없었다. 집에서 볼 때 왼쪽 길가에 '괴테 벤치'가 놓여 있는데, 그 벤치 주변에 흰색에서 진홍색까지 여러 가지 색의 꽃이 피는 작약을 풍성하게 심어 놓았다. 이들은 예전에 어느 폐쇄된 식물원에서 우리가 '구출'해 온 것인데 아쉽게도 품종을 확인할 길이 없다. 간간이 섞여 있는 옥잠화, 비비추, 원추리와 썩 잘 어울린다. 작약은 너무 깊게 심으면 안 좋다. 지표에서 3~5센티미터 정도 깊이로 눈을 묻어 주어야 한다. 모란의 경우는 접붙인 곳이

---

\* 독일에서는 본래 친한 사이끼리 이름을 부르는 전통이 있기는 하지만, 칼 푀르스터는 모든 직원과 친구에게 자신을 그냥 '칼'이라 부르게 했다. 아주 어린 실습생들도 칼 혹은 칼헨$^{Karlchen,\ 칼의\ 애칭}$이라 불렀다.

10~15센티미터 정도 묻히도록 해야 한다. 방문객들이 "우리 모란은, 혹은 작약은 꽃이 많이 안 펴요"라며 호소하는데 그때 식물을 캐서 다시 좀 얕게 심어 주면 된다.

본래 선큰정원 내부를 제외하고는 정원의 길이 모두 마사토로 되어 있었다. 비가 온 뒤나 관수하고 난 후에는 웅덩이가 생기기도 했고, 겨울철에는 살얼음이 얼어 미끄러지기 일쑤였다. 정원박람회를 기하여 우리 정원을 복원할 때 관련자 모두가 길에 판석을 까는 것이 좋겠다고 했다. 선큰정원 내부에는 1930년대 개조할 때 분홍색이 감도는 모래색 판석을 깔았었는데, 옹벽과 색상이 거의 같아서 통일된 느낌이 든다. 그러므로 다른 길에도 모두 같은 소재의 판석을 깔기로 합의했다. 지금은 1930년대에 깐 판석과 2000년에 깐 판석을 거의 구별할 수 없을 정도로 자연스러워졌다.

다만 내가 판석이 깔린 길에 도무지 익숙해지지 않는 것이 문제였다. 식물이 자연스럽게 늘어져 내려도 길의 직선적이고 딱딱한 느낌을 지울 수가 없었다. 그래서 고민 끝에 길 가장자리 판석 틈새에 세간에서 '여인의 망토'라고 부르는 알케밀라 몰리스$^{Alchemilla\ mollis}$를 심었다. 곧 길의 직선이 사라지고 그 자리에 연두색 잎이 쿠션처럼 폭신하게 자리 잡게 되었다. 거기서 꽃대가 길게 올라와 연노랑 꽃을 구슬처럼 매다는데, 이 꽃을 잘라서 어두운 곳에 거꾸로 걸어 두면 장식용 드라이플라워로 아주 제격이다. 이 식물은 아주 오래전부터 쓰이던 전통적인 약초다. 잎을 말려 차로 달여 마시면 복통·치통에 좋고 모든 부인병에 두루 효험이 있다. 독특하게 주름진 잎이 옛날 망토를 닮았는지 '여인의 망토'라는 이름이 전해지고 있다. 하필 이름이 여인의 망토인 것은 여러모로 여인들을 돌보아 주는 약초이기 때문일 것이다. 이 망토들 사이에 어느새 새매발톱꽃$^{Aquilegia\ vulgaris}$과 숙근제라늄$^{Geranium\ endressii}$이 뿌리를 내렸다. 회양목 울타리를 넘어 날아들어 온 것이다. 정원에 '여인의 망토'를 가지고 있는 사람들은 여러모로 감사해야 한다. 한번 심으면 절대 죽지 않기 때문이다★.

★
아쉽게도 현재 정원사들이 이 '여인의 망토'를 모두 제거했다. 이유는 판석의 곧은 라인을 되살리기 위해서였다고 한다.

가족정원의 숙근초 배합 중에서 제법 성공한 사례다. 마리안네의 지도 없이 스스로 일해야 하는 정원사들이 모처럼 솜씨를 보여 주었다. 형광색이 도는 자주제라늄$^{Geranium\ psilostemon}$과 연분홍 꽃이 피며 'Vogelpark Walsrode$^{발스로데\ 조류공원}$'이라는 매우 낯선 품종명을 가진 장미가 화사하게 어울린다. 그 뒤에 있는 키 큰 꽃게일$^{Crambe\ cordifolia}$은 곧 신비한 뭉게구름이 되어 이들을 덮을 것이다.

쿠션패랭이꽃 속에 어린 메뚜기 한 마리가 날아와 앉았다.

버지니아냉초 'Temptation'이 날렵한 보라색 '촛불꽃'을 피우면 큰 숙근초 중에서도 가장 키가 커진다. 덩굴장미 'Clair Martin'이 뒤에서 은은한 분홍색 꽃을 가득 피우고 있다.

> 정원병에 걸린 사람 중
> 치료된 사람은 아무도 없어.

### 아버지의 비비추 사랑

아버지는 비비추와 옥잠화<sup>모두 *Hosta* 속이다</sup>도 지극히 사랑하셨다. 당시에 심어 놓은 것 중 푸른색이 돌며 잎이 넓은 큰비비추<sup>H. sieboldiana</sup> 'Elegans'가 아직도 있다. 1925년에 꽂아 둔 라벨 한 개도 지금까지 있다. 그러나 정작 내가 이 우아한 비비추를 제대로 알게 된 것은 그리스 레스보스섬을 여행할 때였다. 거기서 수도원을 방문한 적이 있는데, 이 'Elegans'가 그리스식 큰 화분에 가득 담겨 뜨거운 뙤약볕을 받고 있었다. 흰 꽃에서 풍겨오던 강한 향기는 지금도 기억에 남아 있다. 그때 집으로 돌아오자마자 곧장 'Elegans'를 캐서 큰 화분에 담아 햇볕에 내놓았다. 흰 꽃이 얼마나 황홀하게 피던지! 다른 모든 비비추는 서늘한 곳을 좋아하는데, 유독 이 품종만큼은 뙤약볕을 좋아한다. 비비추 계열의 식물은 봄에 각각 서로 다른 녹색의 잎들이 나오기 시작할 때가 가장 예쁜 것 같다. 연두색, 황금색, 흰 줄무늬 있는 것, 푸른색을 띤 것, 넓은 것, 좁은 것, 두꺼운 것 등 잎의 모양과 색이 정말 다양하며, 신선함과 풍성한 느낌을 주기에 이만한 식물이 없다. 그동안 새 품종을 많이 들여와 기억해야 할 이름도 많아졌다.

그중 가장 근사한 것이 'Frances Williams'라는 품종이다. 푸른색이 도는 녹색 잎이 시원하게 큰데, 가장자리에 황금색 줄을 두른 것이 특이하다. 그 반면 'Sum and Substance'는 잎 전체가 황금색이다. 얼마 전에 베를린에 나들이 갔다가 'Fried Green Tomatoes'라는 희한한 비비추를 하나 사 왔다. 처음에는 꽃대 끄트머리에 꽃망울이 한 개가 달랑 올라앉는데, 그게 마치 작은 녹색 토마토같이 생겼다. 그러나 '토마토'가 열리면서 황홀한 분홍빛을 띤 흰색 꽃들이 쏟아져 나온다. 정말 신기한 꽃이다. 니그레스켄스비비추<sup>H. nigrescens</sup> 계열에 'Krossa Regal'이라는 것이 있다. 잎은 매우 두껍고, 거의 회색에 가까운 짙은 푸른색을 띠며, 꽃대가 거의 1.3미터 정도까지 자라는데 백합을 꼭 닮은 보라색 꽃이 핀다. 이것이 아마도 비비추 계열 중에서 가장

자리공 Phytolacca acinosa이 막 피어나고 있다. 초여름의 정원에서 가장 '스펙터클'한 식물이어서 방문객들의 문의가 쇄도한다.

비비추들은 비교적 늦게 잎을 내기 시작하지만, 잎이 나온 뒤에는 각각 다른 녹색을 내보이며 서로 어우러지는 모습이 일품이다.

꽃 중의 꽃, 양귀비. 들에 피는 개양귀비도 아름답기는 매한가지다. 뒤에 배경으로 서 있는 식물들은 칼 푀르스터가 육종한 제비고깔 'Jubelruf환호성'.

크고 돋보이는 품종이 아닌가 싶다. 비비추나 옥잠화의 유일한 단점은 늦게 나왔다가 일찍 들어간다는 것이다.

보라색 꽃이 피는 비비추와 옥잠화 종류 중 가장 예쁜 것을 꼽으라면 아마도 벤트리코사비비추$^{H.\ ventricosa}$가 아닐까. 초롱꽃옥잠화라고도 하는데, 긴 꽃자루에 정말 깨끗한 보라색 꽃이 촘촘하게 달린다. 나는 이렇게 선명한 색이 좋다. 색이 바랜 것 같은 희미한 보라색은 없어도 된다.

여름이면 비비추와 옥잠화 사이에서 눈으로 찾는 것이 있다. 언젠가 그곳에서 큰 달팽이 한 마리를 발견한 적이 있다. 달팽이는 옥잠화의 큰 잎에 앉아서 열심히 갉아먹는 중이었다. 그놈을 잡아서 옥잠화 잎에 담아 어머니에게 가져갔다. 그리고 어머니와 나는 바로 달팽이의 식단 체크에 들어갔다. 여러 가지 잎과 꽃을 가져다 먹여 보았는데, 그중 비비추의 꽃을 가장 즐겨 먹었다. 어머니가 달팽이와 헤어지지 않으려 하셔서 저녁때 쟁반에 올려놓고 유리 뚜껑을 덮어 잠자리를 마련해 주었다. 다음날 아침 장난삼아 달팽이에게 아버지를 따라 '칼'이라 는 이름을 붙이고 등에다 쓰기까지 했다. 그러고 나서 바로 풀어 주었다. 그 후 칼은 오랫동안 정원에서 살았다. 여러 해가 지난 후 어느 날 보니 빈 껍질만 남겨 놓고 사라졌다. 그 껍질은 지금도 복도 선반에 보관해 놓고 있다. 다음부터는 달팽이 껍데기에 이름 대신 연도만 써넣는다.

2018년부터 선큰정원의 새로운 상징으로 등장한 눈부신 흰색 캐리어비둘기. 녹사신을 위해 포즈를 잡는다.

6월 말에서 8월 말까지

# 한여름

선큰정원의 로맨틱한 산책길.
양쪽으로 피르스터 가족의 사랑을 듬뿍
받던 숙근초들이 모임을 갖고 있다.

선큰정원의 한여름. 오른쪽 귀퉁이의 연노랑 베르바스쿰 Verbascum chaixi 꽃 사이로 버지니아냉초 Veronicastrum virginicum 'Album'의 흰 꽃이 찌르듯 튀어나오고 있다. 노란 꽃을 피운 원추리는 그 기세에 놀란 듯 베르바스쿰 뒤로 숨었다. 멀리 연못가의 긴 옥색 화분에 담긴 개밀아재비 Leymus arenarius 'Blue Dune'은 화분과 동색이다.

자리공의 꽃이 지고 열매가 맺히기 시작한다.

> 구하라,
> 그러면 다른 것을
> 찾을지도 몰라.

7월 초, 저녁 무렵이면 노란 꽃들이 가장 아름다워 보인다. 다이어스캐모마일 Anthemis tinctoria 중 하필 크림소스의 이름을 딴 'Sauce Hollandaise'는 미색 꽃을 피운다. 그보다 조금 진한 노란색 꽃이 피는 'Susan Mitchell'이 한창이다. 내가 제일 좋아하는 캐모마일은 레몬색 꽃이 피는 'Wargrave'인데, 잘라 주고 나면 좀 뻗치는 경향이 있다. 달걀 노른자처럼 진한 노란색 꽃을 피우는 캐모마일은 'EC Buxton'이다. 노란색 꽃이 피는 다이어스캐모마일을 보면 생각나는 것이 있다. 오랫동안 디자인만 하다가 다시 정원 일을 시작하고 나서 실수가 잦았다. 한번은 캐모마일이 시들어 꽃을 따서 퇴비 더미에 버렸다. 그런데 다음 날 아침에 가보니 퇴비더미 위에서 꽃송이들이 싱싱하게 살아 웃고 있는 것이 아닌가. 캐모마일은 해가 지면 바로 꽃을 닫아 버린다는 사실을 잊고 있었던 것이다. 그래서 이 식물에 더 정이 가는지도 모르겠다.

저녁에 달빛처럼 희고 노랗게 빛나는 식물로 서양톱풀 Achillea millefolium 을 빼놓을 수 없을 것 같다. 에른스트 파겔이 육종한 가는 잎의 'Hela Glashoff'와 그를 빼닮았지만 키가 좀 더 큰 'Credo'가 가장 아름답게 느껴지는 시간이 바로 여름 저녁 무렵이다. 'Credo'는 북부지방의 추운 겨울을 별로 좋아하지 않는 것 같다. 불과 한 해만에 맥을 못 추고 있다. 정원을 가꾸다 보면 사실 식물 선별 작업을 할 수밖에 없다. 환경에 잘 적응하는 것과 맥이 풀리는 것이 자연스러운 방법으로 선별된다.

며칠 서늘하더니 어제부터 본격적인 여름이 시작되었다. 방문객들이 정원 여기저기에 앉아 햇볕을 쪼이며 행복해하는 모습이 보인다. 다만 민감한 석벽에까지 올라앉아 있는 것을 보면 마음이 조마조마해진다.

일요일, 오늘도 햇살이 눈부시다. 많은 방문객이 아이들을 데리고 가족 동반으로 놀러 왔다. 아이들이 오는 것은 언제나 즐겁지만 그럼에도 부모들이 좀 신경을 써 주었으면 좋겠다. 정원에서 이리저리 뛰고, 연못의 올챙이와 금붕어를 잡아 뙤약볕 아래 놓아 말리고, 석벽 위에 올라가 춤을 추고, 새 물그릇의 물을 마지막 한 방울까

한여름의 숨은그림찾기. 다알리아 'Satellite',
자주꿩의비름 Sedum telephium, 1956년
칼 피르스터가 육종한 풀협죽도
'Kirchenfürst성직 명주'와 여름살비아 중 남빛이
가장 강한 'Caradonna'를 찾아 보세요.

이 화려한 다알리아 품종
'Tartan'은 여러 번 상을 받았다.
2023년 선큰정원에 입성한
기념으로 전시회가 열렸다.

지 다 쏟아 버리고. "장난이 심한 아이들은 가능하면 줄에 묶어서 데리고 들어오세요"라고 문에 써 붙였다.

이제 마지막 제비고깔꽃들이 지는 중이다. 곧 풀협죽도의 시대가 시작될 것이다. 늘 그렇듯이 'Schneeferner^면산의 눈'의 순백색 꽃이 제일 먼저 피겠지.

그때까지 관목들이 대신 위로해 준다. 연못 왼쪽 단풍나무 아래 윌슨매자나무^Berberis wilsoniae에 노란 꽃이 달렸다. 도톰하고 동그란 작은 잎도 예쁘고, 가을에는 선홍색 열매가 다닥다닥 열려 일품인 관목이다. 그 뒤에는 안개나무^Cotinus coggygria 'Royal Purple'이 서 있는데, 올해 유난히 연분홍색 꽃이 화사하게 피어 문자 그대로 안개처럼 자욱하다. 다음 화단에는 부들레야^Buddleja davidii 'Nanho Blue'가 보라색 긴 꽃을 하늘거리며 정원의 여름 로고처럼 좌우에 대칭을 이루고 서 있다. 은빛 잎과 함께 정말 인상적인 꽃관목이다. 한쪽 부들레야 발치에는 숙근제라늄^Geranium sanguineum 'Tiny Monster'가 분홍빛이 도는 보라색 꽃을 가득 피우고 있으며, 이를 둘러싸고 연노란색 꽃이 피는 좁쌀풀^Lysimachia nummularia이 계단 틈새까지 번지고 있다. 그 맞은편에서는 눈고산안개초 'Rosenschleier^장미 베일'와 장미 'Romanze'의 분홍색이 바르바타나래새^Stipa barbata를 사이에 두고 아름다움을 겨루고 있다.

대형 화분에 심은 꽃들이 드디어 피기 시작한다. 아프리카아가판서스^Agapanthus africanus와 주홍색 후크시아^Fuchsia magellanica var. gracilis꽃이 활짝 피었다. 벽을 열심히 감고 올라가는 황제나팔꽃만 아직 늦장을 부린다. 보통은 이즈음에 꽃이 활짝 피는데.

소나기가 왔다. 연못가의 오죽^Phyllostachys nigra 'Boryana'가 좋아서 죽는다. 새순이 열두 개가 나와 벌써 4~4.5미터 정도 쑥 컸다. 그뿐 아니라 땅속으로 뿌리를 깊이 뻗어 석벽을 지나 건너편 화단의 비비추와 나도양지꽃^Waldsteinia 사이에서 삐죽삐죽 올라오고 있다. 대나무 뿌리가 번지는 것을 막기 위해 임시로 차단장치를 해 주었지만, 모두 뚫어 버린 것 같다. 차단장치를 다시 만들어야 한다. 그러려면 주변의 식물들을 우선 이식하고, 대나무 주위에 80센티미터 직경의 구덩이를 판 후, 72센티미터 깊이로 원통을 묻어야 한다. 나와 정원사 모두 가장 꺼리는 일이다.

오늘처럼 제곱미터당 24리터나 되는 소나기가 내리고 나면 정원 전체에 뽀얀 김이 서린다. 거기에 햇살이 비치며 갯는쟁이^Atriplex hortensis의 붉은 잎과 알케밀라^Alchemilla의 주름진 외투 자락에서 빗방울이 보석처럼 반짝인다. 알리움의 둥근 꽃이 이제 갈색으로 변해 마치 고슴도치가 꽃대 위에서 몸을 말고 있는 것처럼 보이는데, 이 고슴도치의 가시 위에도 물방울이 수정처럼 매달려 있다.

마리안네의 할아버지이자 피르스터의 아버지인
빌헬름 피르스터Wilhelm Foerster, 1832-1921가
설립한 우라니아문화협회 주최로
정원에서 낭독회를 개최하고 있는 장면.
칼 피르스터와 헤르만 헤세의 글을 낭독하는
것이 전통이며 입장권은 늘 바로 매진된다.

일반 라벤더와 스파이크라벤더 사이의 교잡종인
영국라벤더Lavandula × intermedia는 특히 에센셜 오일 함량이
높아 산업용으로 널리 재배된다. 칼피르스터정원의
정원사들은 이 라벤더를 수확하여 작은 향낭을 만드는 데 쓴다.
라벤더 앞쪽으로 동그란 작은 머리를 내밀고 있는 것은
예로부터 라벤더의 동무 역할을 해 온 산톨리나Santolina
rosmarinifolia다. 뒤에서 풍성한 흰 수염을 날리고 있는
나래새Achnatherum calamagrostis는 칼 피르스터가 1915년
처음으로 명명했다. '보르님나래새'라 불러도 무방할 것 같다.

## 언제나 환영, 정원을 찾아온 사람들

지금 이 글을 쓰느라 거실 식탁에 앉아 있다. 유리창이 거실 전면을 다 차지하는데, 여기서 선큰정원이 정면으로 내다보인다. 다섯 계단 위의 토대에 집이 서 있고, 1미터 정도 정원을 낮추었기 때문에 여기서 정원이 깊이 내려다보여 언제나 감동을 준다. 카메라를 들고 열심히 사진 찍는 사람 중에 착해 보이는 얼굴이 있으면 거실로 초대해서 정면 사진을 찍을 수 있게 하는데, 그러면 어찌나 좋아들 하는지.

내 가장 아름다운 기억 중 하나는 피아니스트 빌헬름 켐프Wilhelm Kempff, 1895~1991★ 아저씨가 집에 놀러 왔을 때였다. 2층에 어머니의 그랜드 피아노★★가 있었는데, 부모님과 절친했던 아저씨는 그 피아노로 즉흥 연주를 하곤 했다. 창문을 열고 온 정원에 연주 소리가 퍼져 나가게 했기 때문에 그가 오면 사업장에까지 소식이 전해져 정원사들이 모두 와서 계단에 앉아 경청하곤 했다. 전쟁 후 동서로 갈라지며 서독으로 건너갔던 아저씨가 집으로 찾아올 때면 정부의 특별 허가를 받아야 했다. 그때 이미 아버지는 귀가 어두워졌는데, 피아노에 머리를 얹고 그 울림을 느끼시곤 했다. 소프라노였던 어머니의 노랫소리가 정원을 가득 채우는 경우도 많았다. 어머니가 음대에서 성악을 전공할 때 두 분이 만났다. 늘 정원에서 아름다운 어머니의 생일파티가 열렸는데, 어머니가 잔디밭 한가운데에 앉으면 그 주변으로 제비고깔 꽃다발을 빙 둘러놓았고, 직원 합창단이 축가를 부르곤 했다.

요즘도 우리 정원에서는 음악회가 열린다. 할아버지가 설립한 포츠담 우라니아 URANIA문화협회(할아버지의 이름을 따서 '빌헬름푀르스터협회'라고도 불린다)에서 해마다 낭독회를 개최한다. 낭독회에는 늘 음악이 따르기 마련이다. 대개 젊은 음악가들을 초대한다. 우리 잔디밭에 150명 정도는 앉을 수 있다.

여름 저녁이 유난히 아름답다고 느껴질 때면 창문을 활짝 열고 스피커를 바깥으로 향하게 한 후 음악을 틀어 놓는다. 방문객들이 상당히 좋아하는데, 어떨 때는 "오늘은 음악 안 틀어요?"라고 묻는 이들도 있다. 비발디는 모두 좋아한다. 한번은 새로 구입한 탱고 CD를 얹었더니 연못가에서 젊은 한 쌍이 즉석에서 탱고를 추는 것이 아

---

★
독일의 유명한 피아니스트로, 특히 뛰어난 베토벤 연주자로 알려져 있다. 집이 포츠담이고 정원을 사랑해서 젊은 시절부터 칼푀르스터정원에 드나들며 평생의 지기로 지냈다.

★★
마리안네의 어머니 에바 푀르스터는 성악가였다. 결혼 후 음악가의 길을 포기하고 '정원사'로 평생을 살았다.

선큰정원에는 아름다운 야생 숙근초뿐만 아니라 약초도 많다. 모니에리석잠풀 *Stachys monieri* 'Hummelo' 역시 고대로부터 약재로 사용해 왔다. 칼 푀르스터의 제자 에른스트 파겔스가 새로 육종한 'Hummelo'는 캐서 약으로 쓰기에는 너무 예쁘다. 맞은편 길가에 한줄로 늘어선 뿔제비꽃 *Viola cornuta*.

청록색 지중해대극을 바탕으로 피어난 장구채산마늘 *Allium sphaerocephalon*의 자주색 꽃이 더욱 진해 보인다.

수백 마리 나비의 날갯짓을 닮은 가우라 *Gaura lindheimeri*와 청세이지 *Salvia farinacea*의 조화가 기막히다. 청세이지는 아이러니하게도 기후변화 때문에 우리 정원에서도 자랄 수 있게 되었다.

> 우정도 사랑도 마법의 나라야.
> 놀라움이 끝이 없지.

닌가. 나중에 갈채가 여기저기서 터져 나왔다. 탱고를 춘 젊은 연인이 다음에 친구들을 데리고 다시 오겠다고 했다. 정원은 얼마나 다양한 얼굴을 가지고 있는지!

사실 나는 음악을 들으며 하는 가드닝을 즐긴다. 그런데 내가 좋아하는 음악을 너무 반복해서 들었는지 한번은 이웃집에서 건너와서는 "다른 음악 좀 들으면 안 되나요?"라고 항의한 적도 있다. 내가 가장 사랑하는 정원 음악은 플루트 콘서트다.

이런 회상에 젖어 문득 정원을 내다보니 맞은편 길 쪽에서 정원을 둘러싸고 있는 숲이 오늘따라 유난히 반갑게 다가온다. 정원에 수목 배경이 얼마나 중요한지 모르겠다. 정원을 한 바퀴 훑으며 그 수많은 색상에 부신 눈을 차분하게 가라앉힌다.

저녁 햇살이 정원에 내리면 그 대비 현상이(푸르게 빛나는 하늘이거나 혹은 먹구름이 몰려오거나 상관없이) 흥미롭다. 큰 먹구름은 늘 길 쪽 숲 위로 몰려온다. 그쪽이 동쪽이고 작은 비구름은 북동쪽의 베를린에서 몰려오거나 남서쪽에서 온다.

내 부모님은 두 분 다 날씨에 유난히 집착한 '날씨광'이었다. 매일 일기예보를 들었고, 바로미터를 늘 들여다보았으며, 매일 날씨에 관한 메모를 남겼다. 잊을 수 없는 일이 하나 있다. 젊은 시절 아직 아버지 사업장에서 정원사로 근무할 때의 일이었다. 어느 날 퇴근해서 집으로 들어서는데, 정원에 아버지가 서 있었다. 그 순간 번개가 번쩍하며 아버지를 감싸는 것이 아닌가. 그때 심장이 떨어지는 줄 알았다. 나중에 아버지는 전화를 받다가 번개가 내리쳐서 귀가 어두워졌다고 늘 주장했다. 물론 근거 없는 이야기라는 것을 알면서도 나 역시 번개가 칠 때는 전화를 받지도 하지도 않는다.

며칠 전 밤 10시경, 집 왼쪽의 어두운 주목 산울타리 너머로 넓게 펼쳐진 들판에 안개가 자욱하게 올라오는 모습을 보았다. 마치 들판이 물에 잠긴 듯한 착각이 들었다. 여기저기 서 있는 나무들이 신기루 같았다. 그림같이 낯설면서도 친숙한 것이 꿈이었나 싶다.

7월이 끝나 간다. 오후 늦게 연못을 내려다보니 새로운 정경이 펼쳐지고 있다. 연

가족정원에서 내려다보이는 암석정원의 전경. 여기서 '일곱 계절' 개념이 처음 시도되었는데, 중요한 원칙은 녹색 바탕이 늘 존재해야 한다는 것이다.

연못가에서 일광욕하며 햇살을 희롱하는 요정들.
원추리 'Shining Plumage'는 오래전부터
선큰정원 벤치에 자리 잡은 여름 방문객들의 시선을
독차지해 왔다. 정원에 빠질 수 없는 품종이 아닐까.

드디어 봄길에도 새로 단장한 벤치가
자리 잡았다. 2023년에 비로소
복원되었는데, '표현주의' 스타일이다.

못 뒤에 서 있는 단풍나무가 이제는 녹색이 짙다 못해 검다시피 변했고, 연못 앞쪽으로 좌우에 큰등골나물*Eupatorium fistulosum* 'Glutball'이 어느새 사람 키만큼 자라 분홍색 불덩이를 이고 서 있으며, 그 앞으로는 호리호리한 냉초들이 검은 물을 배경으로 순백의 긴 꽃송이를 흔들고 있다.

그 곁에 마침내 파란 꽃을 피워 낸 아가판서스의 긴 꽃대들, 그 뒤로 은은히 보이는 알케밀라의 연두색 잎들. 모두 마치 축제를 위해 켜 놓은 등불 같다.

## 한여름의 정원 관리

그동안 비가 자주 내려 주어 고맙다. 큰 나무들에게는 아직 감질나는 수준이지만 숙근초와 잡초(!)에게는 넉넉한 양이다. 우리 정원에는 철칙이 있다. "화단에서는 절대로 괭이로 잡초를 뽑지 않는다." 괭이를 함부로 내두르다가는 꽃도 망가지고 뿌리도 상할 염려가 크기 때문이다. 그 대신 구근을 심을 때 쓰는 작고 좁은 꽃삽으로 잡초를 일일이 제거한다. 이걸 쓰면 화단 구석구석의 잡초도 제거하고 흙도 부드럽게 해 주는 효과가 있다. 물론 시간이 많이 걸리고 허리도 아파 정원사들이 항의도 하지만, 화단이 깔끔해져 많은 방문객이 부러운 눈초리로 바라본다. 잡초 제거 다음으로 손이 많이 가는 일이 키 큰 숙근초들 정리하기다. 소나기가 세차게 내리고 나면 꽃대가 쓰러지거나 옆에 있는 식물 위에 누워 버리는 경우가 많다. 물론 묶어 줄 때 식물의 자연스러운 형태가 절대 훼손되면 안 되고 묶는 끈이 보여서도 안 된다. 영국에서 개발한 링크 스테이크스라는 꽃 지지대가 있는데, 가는 철봉에 녹색이나 검은색 플라스틱을 입히고 끝에 고리가 있어 필요에 따라 서로 엮어서 쓸 수 있게 되어 있다. 둥근 것도 있고 각진 것도 있는데 우리는 주로 각진 것을 쓴다. 이걸 꽂는 일도 쉽지만은 않다. 상황에 따라 식물섬유로 된 바스트나 철사도 동원되는데, 결국 비용이 문제다. 링크 스테이크스가 그중 가장 효과적이지만 너무 비싼 것이 흠이다.

그러나 가장 힘든 일은 역시 선큰정원의 관수 작업이다. 그곳은 스프링클러를 쓸 수 없으므로 일일이 작은 호스나 물뿌리개로 물을 주고 있다. 식물의 종류가 너무 다양하고 각 식물마다 목마름이 서로 다를 뿐만 아니라 화단이 모두 계단식으로 되어 있어 자동관수기를 사용할 수 없다. 호스나 물뿌리개를 들고 좁은 길 사이로 혹은 화단 안으로 조심조심 다니며 물을 주어야 한다. 아침 일찍 한 차례 주고 저녁 일곱 시 이후 방문객들이 모두 돌아간 다음 또 한 번 물을 준다. 정원사들이 퇴근한 뒤

마리안네가 세상을 떠난 후 2018년 선큰정원의
비둘기집을 복원하여 세웠다. 칼 푀르스터는
캐리어 비둘기를 사랑했다. 길 한가운데를 걷고
있는 흰 비둘기가 바로 캐리어 비둘기다. 한여름의
진한 녹음 속에서 분홍색과 흰색 꽃을 피우는
한해살이풀 가시풍접초 Cleome spinosa와
올림피아베르바스쿰 Verbascum olympicum의
노란 꽃대가 돋보인다.

비둘기집에 작은 손님 집참새가 찾아왔다.
비둘기집 안에 야생 조류 먹이를 넣어 두어
다른 새들도 겨울을 무사히 날 수 있게
했다. 집참새는 도시형 참새지만 기후변화
때문에 개체 수가 감소하는 추세다.

의 저녁 관수는 물론 내 몫이다. 2003년도 여름이 유난히 뜨거웠던 적이 있는데, 그때 수많은 시간 호스를 끌고 내 정원의 구석구석을 돌아다녔었다. 그 시간은 내 정원을 철저하게 다시 살필 수 있는 기회이기도 했다.

큰 숙근초들이 없는 화단이나 이들이 아직 크게 자라기 전인 이른 봄에는 스프링클러를 사용할 수 있지만 아무래도 이 방법으로는 뿌리를 제대로 적시지 못한다.

집 가까이에 심어 놓은 숲꽃담배의 흰색, 분홍색, 보라색 꽃이 피었다. 저녁이 되니 향이 어지럽게 퍼진다.

키가 1.2미터 정도 되는 이 꽃담배를 심고자 한다면 품종 선발에 유의해야 한다. 시장에서는 주로 새빨갛거나 새하얀 꽃들이 야하게 피는 이상한 것들을 많이 판다. 은은한 흰 꽃을 피우는 실베스트리스 *sylvestris* 종이 추천할 만하다. 야하지 않고 곁가지를 많이 쳐 풍성해지는 멋진 식물이다.

## 8월은 선물이 가장 많은 달

7월 마지막 주. 며칠 사이에 원추리 *Hemerocallis* 들이 활짝 피어났다. 선큰정원에는 원추리들이 여러 군데 그룹으로 심겨 있다. 우선 연노랑의 'Hyperion'이 정원 양쪽 가장자리에 자리 잡고 있고, 붉은 벨벳 같은 'Shining Plumage'가 바로 연못가에서 타오르듯 이글거리고 있다. 큰등골나물 뒤쪽으로는 키 큰 키트리나원추리 *Hemerocallis citrina* 의 레몬색 꽃이 무리 지어 피어 있다. 부모님이 살아계셨을 때부터 여름 아침이 되면 늘 해야 하는 일이 있었다. 이름하여 '원추리 세수 시키기'. 시든 꽃잎들을 일일이 제거해 주는 작업이었는데, 엄청난 인내심을 필요로 할 때가 많았다.

선큰정원을 두르고 있는 길 양쪽으로는 기증받거나 애써 구입한 귀한 원추리 품종들이 한두 본씩 심겨 있다. 그 많은 품종을 일일이 다 열거하기는 어렵고, 방문객들이 특별히 선호하는 품종만 소개하자면 다음과 같다.

흰색에 연둣빛이 내비치는 나의 절대적인 사랑 'So Lovely', 주황색, 주홍색, 노란색이 얼룩진 'Jean', 그리고 매우 큰 샛노란 꽃을 피우는 'Cartwheel'도 있다. 'Ed Murray'의 꽃은 거의 검은색이 돌고, 그런가 하면 분홍색이 도는 원추리꽃도 있다. 그중에서 내가 좋아하는 것은 'Bed of Roses'로, 따스한 느낌의 분홍색 꽃이 피는 아주 오래된 품종이다.

원추리 대부분이 그렇지만 그중에서도 키트리나원추리 종류는 아침에 유난히

선큰정원의 연못가에는 보통 점토 화분부터 도예가의 귀중한 작품까지, 갖가지 화분들이 배치되어 있다. 모두 바깥에서 겨울을 보내기에 적합하지 않기 때문에 집 안에 보관했다가 봄이 오면 정원에 내놓는다. 여름철에는 아스파라거스 등 예민한 식물로 채워 장식한다. 단풍나무 주변에 심은 각종 원추리도 자리를 잘 잡았다.
이미 여러 번 등장했던 'Shining Plumage'와 'Berlin Flame'이 한창이며, 이미 꽃이 진 노랑꽃창포는 연못 속 화분에 담긴 채 잎의 싱그러움을 자랑한다. 이렇게 화분에 담아 두는 이유는 마구 번지는 것을 막기 위해서다.

보르님 정원에서는 모두 70종의 원추리 품종이 자라고 있다. 그중 신비한 빛깔의 'Edna Spalding'은 가히 하이라이트라 할 만하다.

눈개승마 Aruncus sylvestris 품종 'Zweiweltenkind 두 세상의 아이'도 칼 푀르스터가 명명한 것이다. 일반 개승마에 비해 늦게 꽃이 피기 시작하지만, 고르게 자라서 칼 푀르스터의 눈에 들었다. 배경색이 짙을수록 꽃이 더욱 희게 빛난다.

연못가 풍경. 햇살이 따스하고 흙이 촉촉한 곳에서 유명한 두 숙근초가 만났다. 큰비비추 'Elegans'의 우아한 꽃대와 'Berlin Flame'이라 불리는 원추리의 만남이다.

원추리 'Night Beacon'은 꽃은 작지만 색이 무척이나 강렬하다. 꽃 중심의 연녹색이 진자주색 꽃잎과 더 강한 대조를 이루고 있어 절화로도 각광받는다.

> 사람의 세계에서만
> 그런 것이 아니라
> 식물의 세계에서도
> 조용히 행복의 터를 닦아
> 주는 이들이 있지.

일찍 일어나는 부지런한 식물이다. 대신 낮에 꽃이 쉬이 지고, 저녁이면 벌써 또 새 꽃이 핀다. 다른 원추리들은 다음 날 아침에 새 꽃을 피운다. 원추리를 잘 기르고 싶으면 특히 좋은 토양을 넣어 주는 것이 중요하다. 원추리는 빛도 좋아하지만, 반그늘에서도 잘 자란다. 몇 해가 지나 꽃이 점점 줄어들기 시작하면 꺼내서 뿌리를 나누어 주고 다시 심는 것이 좋다. 이렇게 나눈 뿌리는 이웃에 선물하면 된다.

아, 그리고 원추리꽃은 아주 맛이 좋다. 샐러드 위에 뿌리면 보기도 좋다. 가끔 손님상에 원추리샐러드를 내놓는다. 여자 손님들은 좋아하지만 남자들은 100퍼센트 도리질하며 사양한다. 왜 그럴까.

정원은 내게 양념 공급원이기도 하다. 파가 떨어지면 둥근 알리움을 잘라 와 대신 쓴다. 그런데 잎만 써야지 꽃대를 같이 넣으면 너무 맵다.

원추리들은 특히 투구꽃 계열과 사이가 좋은 편이다. 여름에 같이 꽃이 피는 노루오줌$^{Astilbe}$의 경우 반그늘에 비비추, 개승마와 같이 심어 주면 환상적이다.

원추리밭에 여름 오후의 햇살이 가득 내리고 있다. 연노란색 꽃이 피는 원추리 'Hyperion' 옆에 주홍색 꽃이 피는 'Knighthood', 그 앞에는 보라색 꽃이 피는 모니에리석잠풀$^{Stachys\ monnieri}$ 'Hummelo'가 자리 잡고 있으며, 왼쪽으로는 진보라색 잎에 흰 꽃이 피는 승마$^{Cimicifuga\ ramosa}$ 'Atropurpurea'가 의젓한 투구꽃$^{Aconitum}$ 'Spark's Variety'에 기대어 서 있다. 그 곁에서는 호리호리한 디디마모나르다$^{Monarda\ dydima}$의 꽃이 자주색 혹은 와인색으로 피어나 이들을 모두 끌어안고 있다. 투구꽃의 발치에서 잎 자락을 넓게 펼치고 앉은 벤트리코사비비추$^{Hosta\ ventricosa}$의 깨끗한 보라색 꽃은 커다란 진주 같다.

이 선명한 벤트리코사비비추의 보라색 꽃을 가만히 들여다보면 내부에 흰 줄무늬가 있고 암술과 수술의 흰색과 노란 머리들이 기막힌 조화를 이루고 있다. 잎이 비교적 단순한 녹색이지만 꼭 추천하고 싶은 품종이다. 방문객 중에는 이 꽃 앞에 서서

신비한 분홍색 꽃이 피는 'Pink Damast'는
꽤 오래된 품종이다. 6월부터 8월까지 꽃이 피는
이 원추리를 사랑하지 않을 방법이 없다.
여름 식탁을 장식하기에도 안성맞춤이다.

원추리 'Ed Murray'는 꽃이 피기 시작하면 거의 검은색으로
보이며, 시간이 흐르며 조금씩 붉은색으로 변한다.

암석정원 산책길 끝부분에서 늘 마주치는 참나무 벤치.
여기 앉으면 고사리계곡이 다 내려다보인다.
홍지네고사리 *Dryopteris erythrosora*,
섬공작고사리 *Adiantum venustum*며 골고사리 *Asplenium scolopendrium*
'Fritz Hahn'이 모여 '고사리 촌'을 이루었다.

경건한 자세로 바라보는 사람들도 꽤 많다.

"8월은 선물이 가장 많은 달"이라고 아버지께서 늘 하던 말이 생각난다. 부모님 결혼기념일이 8월 20일이어서 그렇기도 하지만 이즈음의 정원은 풀협죽도, 노루오줌과 함께 제비고깔이 두 번째로 꽃을 피우고 성급한 구절초들이 피기 시작하는 때라 더욱 그렇다. 그뿐인가. 키 큰 루드베키아들이 여기저기 횃불을 밝히기 시작하는 계절이기도 하다. 올해는 싱아의 흰 꽃이 이상하게도 분홍색으로 변하고 있다. 여름에 비가 너무 많이 와서 그런 것일까?

노루오줌, 그늘에 가려진 보물

노루오줌이 좀 억울하게 구박받는 것 같다. 그늘에 심을 것이 없다고 투덜대지만, 노루오줌의 다양한 색과 매력을 몰라서 하는 말이다. 다만 이들은 습한 곳을 좋아한다. 충분히 물을 주지 않으면 서서히 시들다가 완전히 이별을 고하기 때문에 그 점에만 신경을 쓰면 된다. 우리 정원에서는 특히 커다란 수국 사이에서, 그리고 비비추, 옥잠화, 여뀌<sup>Persicaria amplexicaulis</sup> 'Firetail' 사이에서 자라고 있다. 여뀌 중에서는 이 품종의 꽃이 가장 예쁜 빨간색을 띠고 있는 것 같다. 노루오줌의 꽃이 지고 나면 이들이 정원의 빨간색을 여러 주 동안 책임진다. 이 꽃들을 잘라서 어두운 곳에서 거꾸로 걸어 두고 말리면 최고의 드라이플라워가 된다.

다시 노루오줌 이야기로 돌아가 보자. 이들은 같은 색을 그룹으로 몰아 심되 사이사이에 흰색을 심어 경계를 삼는 것이 좋다. 우리 정원에는 빨간색 꽃이 피는 노루오줌을 앞에 심고 그 뒤에 분홍색을 심었는데, 분홍색은 그 뒤에 서 있는 다른 여러 숙근초와 무난하게 잘 어울린다. 우리 정원에서 오래전부터 자라고 있는 노루오줌을 소개하려는데, 종명은 생략한다. 종명까지 쓰면 지면을 너무 많이 차지하기 때문이다. 어느 카탈로그를 봐도 종명은 들어 있다. 'Sprite'는 연분홍, 'Pumilla'는 보라색인데 둘 다 키가 작아 길가에 심기 좋다. 'Deutschland'와 'Brautschleier'<sup>신부의 베일</sup>는 흰 꽃이라 다른 색과 경계 지을 때 심으면 좋다. 'Peach Blossom'은 연분홍, 'Federsee'<sup>페더호수</sup>는 진분홍색, 그리고 'Fanal', 'Glut'<sup>불씨</sup>, 'Red Sentinel'과 'Augustleuchten'<sup>8월의 등불</sup>은 진한 붉은색이다. 그 뒤로는 키 큰 품종들이 서 있다. 'Prof. van der Wielen'<sup>판데르 빌렌교수</sup>은 흰색, 'Cattleya'는 분홍색이다. 그리고 'Straussenfeder'<sup>타조 깃털</sup>는 우아한 살구색이다.

종새풀Deschampsia cespitosa의 이삭은 거의 눈에 보이지 않을 정도로 가녀리다. 숲에서 자생하기 때문인지 숲과 같은 서식처 환경에서 자란 야생 숙근초와 특히 사이좋게 지낸다.

수십 개의 바늘이 꽂힌 붉고 흰 풍접초 꽃과 베르바스쿰이 여름살비아 'Amethyst', 청세이지, 풀협죽도, 라벤더와 서로 경쟁하는 사이에 나리가 조심스럽게 봉오리를 연다.

(오른쪽) 가을정원의 라벤더를 지나 암석정원으로 시선을 보내면 오른쪽으로는 보랏빛 꽃이 핀 개구리초롱Campanula rapunculoides이 삐죽 나타나고 왼쪽으로는 여뀌Persicaria amplexicaulis 'Firetail'이 붉은 횃불을 일제히 치켜들고 있다.

노루오줌은 꽃이 지고 나도 굳이 잘라 주지 않는 것이 좋다. 꽃 모양과 색상이 오래 유지되기 때문이다. 그러므로 일찍 피는 것과 늦게 피는 것 등 개화기에도 크게 신경 쓰지 않고 서로 섞어 줄 수 있다. 꽃대가 높다랗게 올라와 피지만 잎은 깃털처럼 벌어져 바닥에 낮게 깔리므로 잡초가 올라오는 것도 막아 준다.

어린 시절 도라지꽃 Platycodon grandiflorus 'Mariesii'가 피면서 내는 '퐁' 소리에 얼마나 즐거워했는지 모른다. 그 시절의 추억으로 마음속 깊이 남아 있다. 이들도 7월 말에 피기 시작하는데 파란색 꽃이 피는 무궁화 Hibiscus syriacus 'Blue Bird'와 거의 같은 색으로 거의 같은 시기에 핀다. 무궁화나무 아래에서 도라지꽃의 보라색과 털대상화 Anemone tomentosa 'Robustissima'의 연분홍색이 참 잘 어울린다. 그 곁에서 언젠가부터 키가 조금 더 크고 흰 꽃이 피는 정체 모를 아네모네 Anemone가 자라고 있는데, 품종명을 아무도 자신 있게 말하지 못한다. 예전에 기르던 'Superba'라는 이름의 아네모네일 것이라 짐작만 할 뿐 확실치는 않다.

도라지꽃은 풀협죽도와도 잘 어울리는데 지금은 자줏빛 잎에 속눈썹이 달린 작고 노란 꽃이 피는 털좁쌀풀 Lysimachia ciliata 'Firecracker'와 나란히 서 있다. 이 식물은 잘 생각해서 심어야 한다. 번지는 속도가 굉장해서 감당하기 어려울 수 있기 때문이다.

## 풀협죽도의 향기

아버지 어록 중에서도 "풀협죽도를 모르고 산 인생은 실수 정도가 아니라 여름에게 죄를 짓는 것이다. 풀협죽도는 시골 목사보다 더 오래 살지만 자주 전근을 시켜 주어야 생명력을 온전히 발휘한다"라는 말이 가장 유명하다. 내게도 가장 아름다운 절기가 바로 요즘, 이 풀협죽도(독일 속명으로는 화염꽃이라 불린다)가 각양각색으로 피어나는 한여름이다. 언제 어느 나라에 있거나 풀협죽도의 향을 맡으면 그건 바로 내 고향 보르님의 향기였다. 6월 말에 시작하는 풀협죽도 철은 8월 초에 절정을 이루는데, 조금 신경 쓰면 9월까지 개화기를 연장할 수 있다. 꽃망울이 막 맺히려는 시점을 잘 맞추어 손마디 정도의 길이로 꽃대를 잘라 주고, 꽃이 질 때마다 바로바로 제거하면 개화 기간을 많이 연장할 수 있다. 다만 이때 새로 피어나는 꽃들은 처음 것처럼 완벽한 구형을 이루지는 못한다.

아버지가 꽃병 마니아였다는 사실을 아는 사람들은 다 아는데, 나도 이 병을 물려받았다. 지금 우리 집에는 약 300개의 꽃병이 있다. 꽃병에 따라서는 꽂는 꽃이 지정된 것도 있다. 그중 흰색 자기 꽃병은 풀협죽도 전용이다. "풀협죽도를 색깔별로 다 잘라 와 보렴." 아버지는 풀협죽도 절기가 되면 늘 이렇게 말했다. 그 자른 꽃들을 바닥에 우선 죽 늘어놓고는 "이것과 이것을 나란히 놓고, 저 진한 색도 이리로 가져와 봐. 그래, 화단에서도 이렇게 조화를 이루어 심어야 해!"라고 말하곤 했다. 풀협죽도는 아버지가 각별히 관심을 가지고 육종한 식물이다. 그중 살구색 꽃잎 가운데에 흰 눈이 있는 눈부시게 아름다운 꽃이 나오자 어머니의 이름을 따서 '에바 푀르스터'라고 명명했다. 아버지는 원칙적으로 자연과 사물, 경관, 날씨 등을 바탕으로 이름 붙이는 것을 원칙으로 삼았고, 특히 가족이나 친지의 이름을 가져오는 것을 경멸했지만 그때 예외를 만드셨다.★

아버지가 평생 풀협죽도$^{Phlox\ paniculata}$에 관해 말하거나 쓴 것을 다 모은다면 두꺼운 책 한 권은 넉넉히 나올 것 같다. 물론 이 자리에서는 현재 우리 정원에서 자라고 있는 풀협죽도에 집중하려고 한다.

우선 아버지가 육종한 풀협죽도 품종들을 개화 시기로 나누어 보면 다음과 같다.

---

★ 그 외에도 겨울아스터 중에 아주 연한 분홍색에 금빛이 살짝 도는 신비한 꽃이 나타나자 딸의 이름을 따서 '골드 마리안네'라고 명명했다.

이 푸짐하게 자라 준 풀협죽도는 3년 전부터 스스로
씨를 뿌려 번식하고 있다. 칼 푀르스터도 좋아하지 않았을까?
혹시 새 이름을 붙여 주었을지도 모른다.

흰색의 풀협죽도 중에서 'Fujiyama'는 가장
아름다운 품종에 속한다. 7월에 꽃이 피기
시작하여 8월까지 계속 핀다. 홀로 피어 있어도
아름답고, 옆에서 피고 지는 다른 숙근초와도
잘 어울린다. 게다가 꽃의 향도 매우 좋다.

칼 푀르스터가 육종하여 세계적으로
유명해진 풀협죽도 'Wennschon
dennschon'. 거의 같은 빛깔의
양귀비꽃과 퍽 잘 어울린다.

연보랏빛 꽃이 피는 풀협죽도 'Violetta Gloriosa'를 가운데 두고 뒤에는 버지니아냉초 'Lavendelturm'이, 앞에는 여름살비아 'Tänzerin'이 화음을 넣는다.

미국수국 *Hydrangea arborescens* 'Annabelle'과 흰 오스트라몬다 벤치의 어울림이 사뭇 고전적이다.

마리안네는 방문객들에게 될수록 많은 정보를 주고자 애썼다. 예를 들어 라벤더에 관한 질문이 잦아서 그림을 곁들인 안내판을 손수 써서 매달아 놓았다. "라벤더는 늙거나 젊거나 상관없이 꽃이 진 다음 바로 잘라 주어야 합니다. 그러면 다시 나온 잎이 끄떡없이 겨울을 납니다. 목질이 형성된 줄기 위로 손가락 두 마디 길이만 남기고 모조리 잘라 주세요. 예쁘게 곡선을 그려야 합니다."

**일찍 개화하는 품종들:**

풀협죽도 'Karminvorlaeufer벽난로 앞 빨간 양탄자': 이름 그대로 새빨간 꽃이 핀다.

풀협죽도 'Schneeferner먼 산의 눈': 물론 꽃이 순백색이다.

풀협죽도 'Amethyst자수정': 밝은 보라색 꽃이 핀다.

풀협죽도 'Eva Foerster': 살구색 혹은 연어살색 꽃이 피며, 꽃 중심은 흰색이다.

풀협죽도 'Juliglut폭염': 선명한 붉은색 꽃이 핀다.

**중간쯤 개화하는 품종들:**

풀협죽도 'Duesterloh어두운 불꽃': 어두운 자주색 꽃이 핀다.

풀협죽도 'Silberlachs은어': 밝은 보라색 꽃인데 연어살색이 조금 비친다.

풀협죽도 'Landhochzeit시골 결혼식': 분홍색 꽃잎에 꽃 중심이 빨갛다.

풀협죽도 'Hochgesang찬가': 흰색으로 '먼 산의 눈'보다 키가 크다.

풀협죽도 'Starfire': 검붉은색 꽃에 잎이 진한 녹색이다.

풀협죽도 'Wuerttembergia뷔르템베르기아 학생연맹'★: 눈이 아플 정도로 진한 분홍색 꽃이 핀다.

풀협죽도 'Lachsjuwel연어살색 보물': 따뜻한 연어살색 꽃이 핀다.

풀협죽도 'Wennschondennschon그렇다면 이것으로': 선명한 분홍자주색. 꽃 중심은 흰색이다.

다음의 품종들은 아버지 후세가 만든 것으로 뒤늦게 정원에 들어왔다.

풀협죽도 'Freudenfeuer기쁨의 불꽃': 특이한 오렌지색 꽃이 핀다.

풀협죽도 'Siegessaeule승전탑': 진한 연어살색 꽃이 핀다.

풀협죽도 'Fujiyama': 흰색 꽃이 핀다.

풀협죽도 'Sternenhimmel별이 빛나는 밤': 꽃잎은 연보라색이며 꽃 중심이 흰색이다.

풀협죽도 'Kirschkoenig체리왕': 선홍색 꽃이 핀다.

---

★ 독일 남부지방의 호헨하임대학교에서 1828년에 결성된 학생연맹. 지금도 슈투트가르트 지역을 중심으로 계속되고 있는, 당시 농과대학 학생들이 결성한 조직이다. 자연·전원생활을 바탕으로 학생 간의 평생 친목 도모를 추구했다.

**늦게 개화하는 품종들:**
풀협죽도 'Bornimer Nachsommer 보르님의 늦여름': 따뜻한 느낌의 분홍색 꽃이 피며 꽃대가 검다.
풀협죽도 'Ledivivus 재생': 진한 연어살색 꽃이 피며, 키가 작고 옆으로 벌어졌다.
풀협죽도 'Violetta Gloriosa': 밝은 자줏빛이 돌며 흰 줄무늬가 있는 꽃이 피는 특이한 품종이다.

1991년에 '푀르스터 숙근초 재배장'에서 밭 하나를 철거할 때 거기 있던 풀협죽도들을 내가 다 가지고 와서 내 소유의 밭에 심고 아버지처럼 몇 년씩 관찰했다. 그 결과 몇 개의 새로운 품종을 얻었다. 이름도 아버지가 하던 방식으로 지어 붙였는데, 아마 알았다면 아버지가 좋아했을 것이다.

풀협죽도 'Fireball': 진한 오렌지색 꽃이 핀다.
풀협죽도 'Morgengabe 아침 선물': 분홍색 꽃잎에 꽃 중심이 선홍색이며, 키가 엄청 크다.
풀협죽도 'Raureif 서리': 서리처럼 흰 꽃이 핀다.
풀협죽도 'Rosenberg 장미동산': 진분홍색 꽃이 핀다.
풀협죽도 'Wolkenkratzer 마천루': 연한 자줏빛 꽃이 피며, 키가 엄청 크다.
풀협죽도 'Eisberg 빙산': 흰색 꽃이 피며, 꽃송이가 아주 크다.

## 파란 풀협죽도를 찾아서

언젠가 꽃시장에 갔다가 러시아에서 육종된 풀협죽도 'Uspech 성공'라는 품종을 사왔다. 파란 풀협죽도를 늘 찾고 있는 내 눈에 그중 괜찮아 보였다. 파란색은 아직 아니지만 나팔꽃을 닮은 남색 꽃이 피며, 안쪽으로부터 흰색이 퍼져 나오는 것이 마치 아버지의 '벤숀덴숀'*과 흡사했다. 사람들이 늘 이 이름을 쓸 때 띄어쓰기를 하는데, 다 붙여 써 주었으면 좋겠다. 일단 고유명사가 되어 버렸으니 이름 만든 사람의 뜻에 따르는 것 외에 다른 의미는 없다.

'벤숀덴숀'은 아버지가 파란색의 풀협죽도를 얻고자 애쓰던 과정에서 탄생한 품종이다. 부모님이 나란히 새로 심은 풀협죽도 밭을 점검하던 어느 날, 쭉 둘러보며 걷

선큰정원 석축 위 풍경. 일본당단풍의 기둥에 기대어 다알리아 'Bednall Beauty'와 분홍색 꽃이 피는 장미 'Romanze'가 속삭임을 주고받는다.

라벤더가 가장 아름다울 때의 모습.
빛과 향이 최고조에 달했다.

가을정원 가는 길의 석축 위에 여러 라벤더
품종과 신부의 면사포를 연상케 하는
숙근안개초 Gypsophila aniculata 'Schleierflocke'가
모여 지중해의 정취를 풍긴다.

벌의 멸종이 염려되는 시대여서 꿀벌은 정말 반가운
손님이다. 이 손님이 지금 숙근안개초의 작디작은 꽃망울의
넥타르 그리스 신화에서 신들이 마신다는 신비로운 술를 대접받고 있다.

다가 같은 꽃 앞에서 두 분이 동시에 걸음을 멈추었다. 자주색에 보라색 기운이 약간 감도는 새 꽃이 나온 것이다. 이걸 보고 아버지가 "그렇다면…" 했더니, 어머니가 "이것으로…" 해서 최종 결정된 이름이라고 한다.

유명한 피트 아우돌프가 1995년에 '블루 파라다이스'라는 품종을 만들었는데, 정말 남색과 하늘색이 황홀해서 사다가 심고 관찰하는 중이다. 색은 파란색이 맞는데 식물이 강건하지는 못하다. 1997년에 페터 린덴이 만들어 낸 '블루 모닝'도 심었는데 아침과 저녁에는 남색이고 낮에 햇빛이 비치면 보라색으로 변했다. 속이 상한 나머지 그중 한 개체를 캐서 화분에 담아 약한 그늘에 두었더니 거기서 종일 남색을 유지하고 있는 것이 아닌가! 경험에 의하면 흰색이나 분홍색 계열은 한 자리에 오래 두어도 변함이 없는데, 빨간색 계열과 남색은 색이 약해진다.

풀협죽도는 물을 많이 마신다. 물을 줄 때 뿌리 부분만 조심스럽게 주는 것이 중요하다. 비가 온 후에는 반드시 꽃을 털어 주어야 한다. 가을에는 퇴비를 넉넉히 뿌리고 빗물에 흙이 쓸려 내려가 뿌리가 드러나지 않았는지 유심히 살펴야 한다. 그 경우 쉽게 건조해지니 조치해야 한다. 봄에는 퇴비에 톱밥을 약간 섞어서 덮어 주면 좋다.

풀협죽도와 잘 어울리는 식물은 우선 숙근안개초$^{Gypsophila}$를 꼽을 수 있고 두 번 진보라색 꽃을 피우는 살비아도 썩 잘 어울린다. 복사초롱꽃$^{Campanula\ persicifolia}$이나 여름마가렛$^{Leucanthemum\ maximum}$, 루드베키아는 특히 빨간색과 자주색 꽃이 피는 풀협죽도와 같이 심으면 아름답다. 그 뒤에 큰 여뀌와 키 큰 루드베키아 그리고 접시꽃을 닮은 라바테라$^{Lavatera}$를 배경으로 삼으면 상당히 잘 어울린다.

## 연못, 모두 궁금해하는 곳

여러분의 정원 연못에도 섬을 만들어 주었는지? 우리 집 연못에는 25년 전에 만든 부유하는 작은 섬이 있다. 보르님 장묘원에 가면 관수용 물통이 여기저기 있는데, 그 속에 작은 스티로폼 조각이 늘 둥둥 떠 있었다. 알아보니 이 보기 싫은 물건들이 실은 새들이 날아와 앉아 물을 마시는 곳이라 했다. 그 아이디어가 마음에 들었다. 그래서 나도 하나 만들었는데, 처음에는 스티로폼 조각에 칠을 하고 벽돌에 묶어 연못

---

★

'Wenn schon, denn schon'이라는 독일 숙어는 본래 "어차피 해야 할 일이면 제대로 하자"라는 뜻으로 쓰인다. 이 경우는 '그렇다면 이것으로'라는 뜻으로 해석할 수 있겠다.

에 담가 두었다. 그런데 모양이 영 아니어서 다시 꺼내어 이끼와 잔디를 덮어 주었다. 조금 낫다 싶어 그대로 두었는데 며칠 후 보니 그 인공섬이 빙빙 돌고 있었다. 궁금해서 가까이 다가가 살펴보니 금붕어들이 주둥이로 툭툭 치고 다니는 것이 보였다. 처음 보는 '동물'이라 사귀어 보려고 그랬을까? 시간이 흐르면서 섬 위에 식물의 씨가 날아와 싹을 틔웠는데, 신기하게도 해마다 다른 식물이 자리를 잡았다. 한번은 알케밀라가 다음 해는 여뀌가, 또 다음 해에는 꼬리풀이, 그러다가 심지어는 단풍나무 떡잎까지 나왔다.

올해는 루드베키아 차례인 것 같다. 지금 이 섬에서는 미니 루드베키아가 자라 샛노란 꽃을 자랑스럽게 피우고 있다. 사람들이 묻는다. "저기다 어떻게 심은 거예요?"

개구리들도 이 섬을 사랑한다. 산란기가 되면 개구리와 두꺼비들이 잔뜩 올라가 앉아 섬이 살짝 기울곤 한다.

요즘은 연못 속에 큰수련$^{Nymphaea}$ 'Marliacea'의 꽃이 피고 있다. 분홍색 꽃과 흰색 꽃이 같이 피며 잎이 유난히 크다. 잎이 서로 겹쳐서 개구리들에게 훌륭한 은신처를 제공한다. 빨간 꽃이 피는 좀 작은 수련도 함께 있고, 큰 화분에 담아 물속에 넣어 둔 꽃골풀$^{Butomus\ umbellatus}$과 쇠뜨기말풀$^{Hippuris\ vulgaris}$도 지금 연못에서 살고 있는 식구들이다. 이들에 이끌려 잠자리와 나비 등 곤충들이 바글거린다.

연못 속에 분수가 설치되어 있기는 하지만 잘 틀지는 않는다. 분수 꼭지 바로 옆에서 수련꽃이 피고 있기 때문이다. 날씨가 정 더우면 조금씩 틀되 물살을 아주 약하게 해야 한다. 금붕어들은 시원해서 좋다고 하지만 수련은 별로 좋아하지 않는다.

우리 정원은 처음부터 도자기나 토기 등을 소품으로 늘 놓아두었다. 아주 오래 전에는 일본 도자기가 있었고, 그다음에는 보통 항아리로 대체했다가, 헤드비히 볼하겐$^{Hedwig\ Bolhagen,\ 1907~2001}$이라는 도예가의 새 물그릇 등 몇 개의 작품들이 추가되었다. 몇 년 전에는 포츠담에 사는 도예가 도로테아 네를리히$^{Dorothea\ Nerlich}$의 작품전을 우리 정원에서 개최하기도 했다. 그녀의 진한 흙빛 토기들은 마치 구리로 빚은 것 같은 느낌을 주는데, 햇빛이 비치면 거의 실크처럼 윤이 난다. 어떻게 만들었는지는 작가만의 비밀이겠지.

선큰정원 가장자리에 검은 주목들을 등지고 숙근해바라기$^{Helianthus\ microcephalus}$ 'Lemon Queen'이 찬란하게 빛나고 있다. 이름처럼 레몬색의 작은 꽃들이 피며, 키는 1.7미터 정도다. 가지들이 우아하게 휘면서 곁에 있는 분홍보라색 꽃이 피는 베르노니아$^{Vernonia\ crinita}$의 어깨를 감싸고 있다. 그러고 보니 가짜 아스터라고도 불리는 이

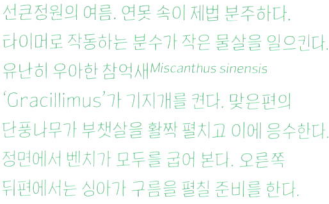

선큰정원의 여름. 연못 속이 제법 부주하다.
타이머로 작동하는 분수가 작은 물살을 일으킨다.
유난히 우아한 참억새 Miscanthus sinensis
'Gracillimus'가 기지개를 켠다. 맞은편의
단풍나무가 부챗살을 활짝 펼치고 이에 응수한다.
정면에서 벤치가 모두를 굽어 본다. 오른쪽
뒤편에서는 싱아가 구름을 펼칠 준비를 한다.

선큰정원의 연못. 단풍나무의
비호를 받으며 사는 노랑꽃창포와
큰잎부들 Typha latifolia은 모두
물속의 분에 담겨 있다.

원추리 'Hyperion'의 연노란색 꽃은 6월부터 8월까지 줄기차게 피고 진다. 모나르다는 수줍은 듯 뒤에 숨었는데, 제일 앞에 선 루드베키아는 황금빛 꽃잎을 치켜든다.

마리안네가 햇살을 희롱하는 요정들이라 불렀던 원추리 'Shining Plumage'. 여름 내내 이들의 유희를 감상할 수 있다.

> 한 가지 색을 외롭게 두지 마.
> 짝을 찾아 달라고 울부짖어.

베르노니아의 선명한 분홍보라색 꽃과 그 옆에 서 있는 장미 'Rhapsody in Blue'의 꽃색이 거의 같다. 아무래도 내가 이런 분홍색을 너무 좋아하는 것 같다. 베르노니아는 때로 2미터가 넘게 자라는 경우가 있는데, 앞쪽에 있는 줄기들을 약 30센티미터가량 잘라 주는 것이 오히려 보기에 좋다. 전체적으로 더 조화로우며 개화기도 연장된다.

이제 원추리들의 절기가 끝나 간다. 내가 그토록 사랑하는 'So Lovely'와 연못가의 'Shining Plumage' 그리고 길가에 새로 심은 'August Moon'만이 남아 있다. 원추리는 물을 충분히 주어야 꽃도 잘 피고 잎도 무성해진다. 이제 꽃이 지고 나니 물이 덜 가서 마른 부분들이 보이기 시작한다. 관수를 잘못했음이 낱낱이 드러난다. 그래도 정원의 조화를 생각하면 아직은 잘라 줄 때가 아니다.

선큰정원 오른쪽 뒷부분에 아직도 모나르다$^{Monarda}$ 'Mrs. Perry'의 꽃이 피어 있다. 그 사이에 진노란색 꽃이 피는 잔털루드베키아$^{Rudbeckia\ subtomentosa}$를 심었다. 다른 루드베키아들은 모두 꽃잎이 아래로 쳐지기 때문에 '낙하산'이라고도 하는데, 이 품종만은 꽃잎이 위로 향해 있다.

키가 작은 애기루드베키아$^{Rudbeckia\ triloba}$는 정원 전체에 골고루 나누어 심었다. 그리 오래가는 품종은 아니지만 스스로 씨를 떨어뜨려 번식하기 때문에 효과는 마찬가지다. 이들은 키는 작지만 꽃대가 높이 올라와 진노란색 낙하산을 잔뜩 매달고 있다. 키가 가장 큰 것이 니티다루드베키아$^{R.\ nitida}$ 중에서 'Juligold$^{7월\ 황금}$'라는 품종이다. 키가 커서 저녁때 집 안에서 내다보면 멀리서도 대뜸 알아볼 수 있다.

태양의 신부는 키가 너무 크지 않아야

헬레니움$^{Helenium}$, 태양의 신부라 불리는 이 귀족적인 식물은 저녁 무렵이 가장 아름답다. 집에서 내다보았을 때 정원 가장 뒤쪽, 즉 길가 가까이에 죽 서 있는데 마치 등불을 켜 놓은 듯 어두운 길을 환하게 밝힌다. 노란색의 다양한 뉘앙스뿐 아니라 붉은 갈색까지도 알아볼 수 있다. 내가 가장 사랑하는 품종은 'Koenigstiger<sup>뱅갈호랑이</sup>'인데 키는 1.7미터 정도, 붉은 갈색에 중앙의 단추 가장자리에만 노란 테를 두른 독특한 꽃이 핀다. 한번은 아버지가 이 꽃을 손에 든 모습을 찍은 적이 있다. 사진이 잘 나와서 아버지 사진 중에서 내가 개인적으로 가장 좋아하는데,《정원이 기쁠 때와 노여울 때》★라는 책 표지 사진으로 사용했다. 헬레니움은 제비고깔과 풀협죽도에 이어 아버지의 3대 숙근초에 포함된다. 아버지는 많은 품종을 만드셨다. 하지만…….

"아버지, 꽃을 너무 크게 만들지 마세요. 아버지는 키가 크지만, 우리는 꽃을 보려면 발돋움해야 해요."

헬레니움은 종류가 너무 많아서 여기서 다 소개하기는 어렵고 우리 정원에 있는 것들만 열거하자면 다음과 같다.

**붉은빛이 도는 갈색 계열:**
헬레니움 'Rotkaeppchen<sup>빨간 모자</sup>'
헬레니움 'Rubinschatz<sup>루비</sup>'
헬레니움 'Feuersigel<sup>낙인</sup>'
헬레니움 'Septemberfuchs<sup>9월 여우</sup>'
헬레니움 'Flammendes Kaetchen<sup>불타는 케이트</sup>'

**노란색 계열:**
헬레니움 'Goldrausch<sup>황금광</sup>'
헬레니움 'Kanaria<sup>카나리새</sup>'
헬레니움 'Wesergold<sup>베저강의 금</sup>'
헬레니움 'Rauchtopas<sup>황옥</sup>'★

아버지 밑에서 오랫동안 일했던 하인츠 하게만 소장이 새로운 품종을 발견하

---

★
《Freude und Aerger im Garten》는 2007년 울머<sup>Ulmer</sup> 출판사에서 칼 푀르스터 사후에 미 출판 원고 등을 모아 주로 정원 관리와 관련 있는 에피소드를 추려 출판한 책이다.

선큰정원에서 집으로 가려면 좌측의 계단을 이용하는 것이 좋다. 계단 옆 단 위에 그 유명한 '꽃신식물을 심은 보운 구두'이 놓여 있고, 라벤더가 한창이다. 보랏빛 긴산꼬리풀 Veronica longifolia의 꽃이 이에 화답한다.

여 자신의 집에 심어 놓은 것이 있었다. 이름도 붙이지 않고 기르던 것을 그가 죽은 후에 그의 아내가 우리 정원으로 가져왔다. 직원들과 함께 오랫동안 고민한 끝에 'Eldorado'라고 명명했다. 황옥과 비슷하지만 꽃이 더 크며 잎의 노란색이 좀 연하고 중앙의 단추가 거의 검은색에 가까워 깔끔한 대조를 이루는 품종인데, 언젠가 시중에서 판매될 날이 왔으면 좋겠다.★★

헬레니움은 모두 꽃대를 잘라 주는 것이 좋다. 거의 확실하게 두 번 피기 때문이다. '태양의 신부' 헬레니움은 절화로도 훌륭하며, 억새 종류와 썩 잘 어울린다. 헬레니움의 꼿꼿한 줄기와 난처럼 휘어 늘어지는 벼과 식물들이 대조를 이루어 부드러운 분위기를 만든다. 헬레니움은 7월 말에 꽃이 피기 시작해서 9월 초까지 간다.

8월 마지막 주. 해가 져서 어스름한 저녁 무렵의 느낌을 최대한 만끽하고 싶다. 아가판서스의 파란 꽃이 선명하게 빛난다. 그 옆에서는 큰등골나물 'Glutball'의 꽃이 아련한 분홍빛을 발하고, 그 뒤에서는 싱아가 브로케이드 컬러를 펼쳐 낸다. 자줏잎개승마$^{Cimicifuga\ ramosa}$ 'Purpurea'의 촛불을 닮은 흰 꽃과 자줏빛 잎의 대조가 아름답다. 그 주변을 여뀌$^{Persicaria\ amplexicaulis}$ 'Firetail'의 타오르는 붉은 꽃이 횃불처럼 맴돌고 있다. 빛바랜 낡은 나무 벤치와 석축의 오래된 돌을 보면 앉아서 무념의 세계로 빠지고 싶은 충동이 든다. 이런 분위기는 사랑하는 친구들과 함께 느껴야 하는데 다들 어디 갔는지. 아마 지금쯤 모두 집에서 저녁 식사를 하고 있겠지.

고양이 막스가 슬슬 나타난다. 누군가 쓰다듬어 줄 사람이 없나 둘러본다. 스페인에서 막 돌아온 이웃 여인 둘이 강아지를 데리고 산보하러 나왔다. 고양이와 개 둘에게 맛있는 것을 나누어 준다. 이맘때쯤이면 종자를 슬쩍해 가는 사람들이 꼭 있다. 저쪽에서 누군가 빨간 꽃이 피는 갯는쟁이$^{Atriplex\ hortensis}$와 숲꽃담배, 풍접초$^{Cleome}$를 돌아가며 열심히 잡아당기고 있다. 분명히 "봉투에 우표를 붙여서 제게 주시면 원하는 종자를 보내드리겠습니다"라고 안내판을 써 붙였는데도 저런다.

★
(저자 주) 이 품종은 아버지가 아니라 내 동료가 육종한 것이다. 그 동료는 명명식 때 아내에게 황옥으로 만든 아름다운 목걸이를 선물했다. 꽃잎은 황금색이며, 약간 주름이 졌고, 잎 가장자리와 뒷면은 붉은빛이 도는 갈색으로 넘어가는 오렌지색이다. 가운데 단추 같은 꽃중심은 진한 갈색으로 완벽한 반구형을 이룬다. 아버지가 보았다면 많이 칭찬했을 훌륭한 품종이다.

★★
헬레니움 'Eldorado'는 지금 시중에서 많이 판매되고 있으며 애호가들의 사랑을 받고 있다. 꽃이 풍성하게 피지는 않지만, 대신 오래 가며 시든 다음 꽃대를 잘라 주면 꽃이 다시 핀다.

만병초 가지 사이에서 쉬고 있는 푸른박새.
등은 푸르고 배는 연노란색인 아름다운
이 새는 벌레가 많은 나무를 선호하는 편인데,
어쩐 일인지 만병초를 찾았다.

고양이 치비는 바쁠 것이 하나도 없다.
쥐를 잡아다 바쳐야 하는 것도 아니고 그저
거기 있으면 족하다. 정원의 고양이 팔자가 어떤
것인지 익히 알고 있다는 듯 포즈를 취한다.

8월 말에서 11월 초까지

# 가을

향이 강한 흰 꽃이 피는 한해살이풀
알리섬 Lobularia maritima 은 마리안네가 벨기에에서
돌아올 때 가지고 와서 심은 것인데, 지금까지 해마다
여름 내내 그리고 가을까지 꽃을 피우고 그 향으로
선큰정원을 가득 채운다. 길모퉁이에서는
자주꿩의비름 Sedum telephium 'Herbstfreude 가을의
기쁨'이 가을을 기쁘게 맞이하고 있다.

칼 푀르스터의 사랑 태양의 신부 $^{Helenium}$.
그는 그중에서도 'Rauchtopas황옥'을 육종해 내고
무척 즐거워했다.

여름곰취$^{Ligularia\ dentata}$ 'Othelo'는 가을이
되어야 비로소 그 진가를 발휘한다.

애기루드베키아의 꽃이 풍성하게 피었다.
'10월루드베키아'라고도 불리는 이 품종은 파종 후
두 해째부터 꽃을 피우기 시작한다.

> 인간만큼 피고 또 피는
> 속성을 가진 식물은 없을 걸.

가을에 접어드니 다시 노란색이 정원을 장악한다. 가을의 노란 꽃 중에도 역시 'LP판'들이 많다. 무릎 높이로 자라는 큰꽃금계국<sup>Coreopsis grandiflora</sup> 'Sunray'가 벌써 몇 주째 피어 있는데, 가끔 다듬어 주어야 한다. 루드베키아 'Goldsturm<sup>황금 폭풍</sup>' 역시 오래가는 품종에 속한다. 루드베키아는 꽃이 진 다음에 잘라 주지 않는 것이 좋다. 까만 단추가 남아서 겨울에 참 아름답다. 이 'Goldsturm' 품종에 얽힌 에피소드가 있다. 본래 미대륙에서 야생하는 식물인데, 1930년대에 미국 식물원에서 자라다가 어떤 경로였는지 모르겠지만 바다를 건너 체코슬로바키아에 들어갔다. 앞에서도 이야기한 하인츠 하게만 소장이 체코에서 신부를 데리고 오면서 이 식물도 가지고 왔다. 아버지는 이것을 보르님 실험장에 심고 매일 관찰했다고 한다. 8일째 되는 날 "이거 좋은데! 이름은 골트슈트룸이라고 하자" 이렇게 되었고, 바로 이 식물이 곧 세계를 '폭풍'처럼 휩쓸게 되었다. 본산지인 미국에서도 바로 이 이름으로 대량 식재되고 있다. 언젠가 하게만 소장이 좀 '멜랑콜리'한 목소리로 이렇게 말 한 적이 있다. "그때 그 품종을 등록했더라면 우리 모두 부자가 되었을 텐데."

### 세계적으로 명성을 떨친 보르님 품종

아버지는 신품종 명의 등록에 절대 반대했다. "식물은 우리 것이 아니라 모든 사람의 공동 소유인데 이름 좀 붙였다고 등록하다니." 그러다 보니 요즘에도 아버지 품종에 마음대로 이름을 바꾸어 붙여 등록하는 사람들이 종종 있다. 특히 네덜란드에서 아버지 품종을 영국식 이름으로 바꾸어 판매하고 있다. 아무래도 영어가 세계적이라서?

    9월, 저녁마다 정원을 한 바퀴 둘러보는데 오늘 집 뒤의 암석정원 너머 하늘의 노을이 너무 아름답다. 붉은색부터 노란색, 옥색, 파란색까지. 다음 생에 태어나면 화가가 되고 싶다.

사위가 고요한데 달빛나팔꽃만이 홀로 활짝 피어 마치 트럼펫을 연주하는 듯하다. 그것도 독주가 아니라 한 37중주는 되는 것 같다. 거기에 향의 합창까지. 아름다운 저녁이다.

올해는 가을 날씨가 꽤 좋은 편이다. 그래서인지 '아직도 피어 있는 것'과 '벌써 피는 것' 들이 공존하고 있다. 제비고깔꽃이 두 번째로 개화하니 방문객들이 너무 좋아한다. 일찍 피었다 졌던 풀협죽도의 꽃도 다시 피고 있다. 아스터도 꽃을 피우기 시작했다. 이 모든 것을 한해살이풀이 서로 엮어 준다. 내게는 오래전부터 없어서는 안 될 존재다. 짧게 피었다 지는 애기루드베키아 주변에서 버들마편초$^{Verbena\ bonariensis}$의 보라색 꽃이 하늘거리는 것이 마치 공중에 파스텔로 구름 조각을 그려 놓은 것 같다. 풍접초꽃의 빨간색, 자주색, 분홍색이 제비고깔꽃의 파란색을 돋보이게 하는데 그 사이로 당아욱$^{Malva\ sylvestris}$이 질투의 시선을 던지며 끼어들고 있다. 가우라에 막 수백 마리의 연분홍 나비가 날아와 앉은 듯하다. 덩치가 큰 숲꽃담배의 흰 꽃이 분홍빛 꽃을 피운 장미 두 그루 사이에 서서 양쪽 손을 잡고 있다. 한쪽은 진분홍색 'Angela' 다른 한쪽은 연분홍색 'Sommerwind$^{여름\ 바람}$', 그 앞에서는 제비고깔 'Tempelgong'의 진보라색 꽃이 화음을 넣고 있다. 여기저기서 사진을 찍느라 야단이다. 어느 대가족이 피크닉 바구니를 들고 나타났다. 맷돌 탁자에서 피크닉을 해 보는 것이 소원이었다는데, 오늘 드디어 날을 잡았다면서 빙 둘러앉았다. 그것이 마음에 들어 방명록을 가지고 나와 메시지를 남겨 달라고 했다.

## 두더지와 물밭쥐에 관하여

요즘 우리 정원을 찾는 손님 중에 다 이렇게 기분 좋은 존재만 있는 것은 아니다. 두더지들이 물밭쥐를 몰고 같이 나타나 잔디밭을 다 파헤쳐 놓았다. 지난 주말에 세어 보니 꼭 열세 개의 구멍을 뚫어 놓았다. 누군가 아버지에게 두더지 퇴치법을 물은 적이 있다. "방법이 없지. 야단치는 수밖에." 그러나 나와 정원사들은 지금 갖은 방법을 다 실험하는 중이다. 한번은 들은 바대로 석탄을 사다가 잘게 부수어서 뿌렸는데, 지저분해서 추천할 만한 것이 못 된다. 어느 정원사 한 분이 유리병을 땅에 묻으라고 조언해 주었다. 바람이 불면 유리병에서 휘파람 소리가 나는데, 그 소리를 두더지들이 무서워해서 접근을 하지 않는다는 이야기였다. 서양딱총나무 가지를 꺾어서 땅에 꽂으라는 사람도 있다. 낮게 늑대 울음 소리를 내는 기계도 있는데(!) 33제곱미터 정도

가을이여 어서 오라! 이제 그라스와 따스한 색의
큰등골나물 'Glutball'의 시대가 왔다.

루드베키아의 노란색 꽃과 연두색 잎 사이로
지중해대극의 은녹색이 비집고 들어온다.
한가운데에서 엘라타비비추 *Hosta elata*가 넓은
잎을 층층이 겹쳐 내는 묘기를 보여 주고 있다.

봄길의 가을. 3-4월만큼 오색으로 다채롭지는 않지만, 녹색이 중첩되어 신비한 다른 세상으로 들어가는 느낌이다.

암석정원의 튼튼한 참나무 벤치를 스쳐 지나 정원 깊숙이 시선이 머문다. 낚시귀리 *Uniola latifolia*가 벤치의 다리를 쓰다듬고 있다. 좀 더 가을이 깊어지면 황금색으로 물들 것이다. 암석정원을 찾을 때면 고사리계곡으로 발길을 돌리는 것이 마땅하다. 여기서 오래전부터 살고 있는 진짜 용고사리 *Dryopteris filix-mas*를 만날 수 있다는 사실도 이유가 된다.

되는 작은 정원에서는 효과가 있을지 모르겠으나 우리 정원에서는 이런 기계를 아마도 수십 수백 개 놓아야 할 것이다. 그럼 두더지는 퇴치할 수 있겠지만, 방문객과 고양이들도 같이 사라질 것이다.

어느 틈에 9월 말이 되었다. 오랫동안 비가 오지 않아 몹시 건조하다. 수목 하부가 특히 건조하다. 큰 나무 아래에 스프링클러를 설치하고 종일 작동시킨다. 노랑철쭉이 잎을 축 늘어뜨리고 있는 모습이 보인다. 얼른 호스를 꺼내 뿌리 쪽을 집중적으로 적셔 주었다. 아니나 다를까 한 시간 후에 보니 마치 새로 심은 것처럼 생생하게 살아나 나를 보며 웃는다. 가을철에 이렇게 건조해지면 크고 작은 나무들, 침엽수 낙엽수 할 것 없이 철저히 물을 주어야 한다.

어쩐 일인지 집 계단 옆에 서 있는 일본 설구화 *Viburnum plicatum* 'Watanabe'가 다시 꽃을 피운다! 아마도 내 책임인 것 같다. 초여름에 보니 이 설구화의 수형이 너무 동양적으로 아름다워서 그걸 강조한답시고 수평으로 벌어진 가지들만 남기고 나머지를 모두 쳐 냈다. 그랬더니 지금 새 가지들이 일제히 수직으로 올라오고 있다. 꼭 닷새 동안 안 깎은 수염 같다!

설구화 발치에서 자줏잎초롱꽃 *Heuchera villosa* 'Chantilly'가 그야말로 초롱초롱 빛난다. 흰빛이 도는 크림색 '꽃초롱'이 족히 25센티미터는 되는 것 같다. 가을에 피는 그늘식물인데 잎 모양이 비비추나 옥잠화와 잘 어울리고, 사촌뻘 되는 'Plumpudding'과 사이좋게 어깨를 나란히 하고 있다. 이 사촌은 잎 색깔이 거의 자두색으로 매력 만점 식물이다.

봄길에 서 있는 유럽개암나무 아래에서는 지금 이삭여뀌 *Persicaria filiformis* 'Painters Palette'가 '화가의 팔레트'라는 이름값을 제대로 하고 있다. 여러 색으로 얼룩진 잎이 참 오묘하다. 거기서 조금 떨어진 곳에 자매뻘 되는 'Lance Corporal'이 있는데, 진한 녹색 잎에 마치 화가가 붓으로 그린 듯 단정한 검은 문양이 있다. 이들의 어머니 식물도 같이 살고 있는데 우리 정원사들이 별로 좋아하지 않는다. 너무 자생력이 강해서 여기저기 씨를 뿌리기 때문이다.

드디어 옥잠화 'Grandiflora'의 꽃이 피었다. 향기도 그윽하다. 이 귀족을 나는 오래전부터 사모해 왔다. 내 마음은 앞으로도 영원히 변치 않을 것이다.

해마다 커지는 그늘

큰 나무 아래는 늘 비어 있기 마련이다. 우리 부모님이 오랫동안 고민해 온 부분이다. 특히 가족정원의 넓은 잔디밭에 서 있는 소나무, 미송이나 캐나다솔송나무 아래가 문제였다. 어느 날 어머니가 정원사를 불러 소나무 아래 흙을 붓고 잔잔한 자주지치 Buglossoides purpurocaerulea를 심으셨다. 같은 방법으로 미송과 잎갈나무 하부에는 아이비 Hedera helix를 심었다. 시간이 흐르면서 멍석처럼 번진 것을 둥그렇게 다듬어 모양을 냈더니, 나무들이 마치 쟁반 위에 올려놓은 모습이 되었다. 처음에는 꽤 낯설었지만 이제는 좀 익숙해졌다. 무엇보다도 잔디 깎기가 한결 수월해졌다. 방문객들이 자주 묻는다. "사과나무, 배나무, 자두나무 아래에는 무엇을 심을 건가요?" 자주지치는 관리가 상당히 쉽다. 잔디 깎듯 베어 내면 된다. 3월에 잔디 깎는 기계로 한번 싹 밀고 쇠스랑으로 정리한 다음, 퇴비를 약간 뿌려 주면 된다. 초봄에 남색 꽃이 잔잔하게 피는데, 아무래도 빛이 드는 쪽에서 꽃이 더 잘 피는 것은 어쩔 수 없다.

그동안 좀 비실거리던 황제나팔꽃이 완전히 회복한 것 같다. 파란 꽃이 잔뜩 피어 벽에 마치 벽화를 그린 것 같다. 흰색 꽃이 피는 달빛나팔꽃과 그보다 좀 진한 남색 꽃이 피는 인도산 나팔꽃도 같이 벽을 타고 있는데, 지금 창문에서 서로 만났다. 무거워서 쏟아져 내리면 어쩌나 조마조마하다. 작년에 바로 그랬다. 8미터 높이에서 무게를 감당하지 못하고 줄이 끊어져 버렸다. 넷이 힘을 합해 천신만고 끝에 간신히 다시 끌어올려 새로 묶었다.

밤에 비가 조금 내렸다. 정원을 적시기에는 충분치 않지만 고양이 막스가 내 침대로 기어들어 오기에는 충분한 모양이다. 창밖을 내다볼 필요도 없다. 비가 오는구나. 막스는 다음 날 오후 세 시까지 잔다. 밤새 내린 비가 아침결에 큰 가을바람을 몰고 올 조짐이 나타났다. 일어나 뭐 하겠는가.

그날은 저녁때까지 연못가 단풍나무에서 한시도 눈을 떼지 못했다. 이렇게 비바람이 불면 잔뜩 기울어 있는 단풍나무가 끝까지 버텨 낼 것인지가 가장 걱정스럽다. 다행히 이번에도 무사히 지나갔다.

봄길 한가운데에 서 있는 은단풍 꼭대기에 겨우살이*가 가득 매달려 있다. 너무 높아서 손이 닿지 않는다. 친구들에게 좋은 성탄절 선물이 될 텐데 아쉽다. 은단풍이

*
겨우살이는 유럽 켈트족들이 가장 신성시했던 식물 중 하나다. 만병통치약으로도 알려져 있다. 드루이드들만이 엄숙한 정결 의식을 치른 후에 나무에 올라가서 금 낫으로 잘랐다는 이야기가 전해진다. 시저의 갈리아 정복기 혹은 전기에 상세히 묘사되어 있다. 성탄절에 겨우살이를 문에 매달아 두거나 집안을 장식하는 풍습이 아직도 남아 있다.

지중해산토끼꽃 *Dipsacus fullonum*의 가시 달린 열매는 이 절기의 매력 포인트다. 이 열매는 새들의 먹이로도 유용하다.

선큰정원이 만원이다. 숙근초, 그라스와 한해살이풀이 모두 한데 어울렸다. 그중 지중해산토끼꽃이 두드러지고 화분대 옆의 황금 띠를 두른 용설란과 아가판서스가 시선을 끌어당긴다.

선큰정원에서 숙근초들이 가족회의를 열었는지 몹시 수선스럽다. 아직 꽃을 피우고 있는 것들, 이미 열매를 맺은 것들, 화려한 색을 뽐내는 다알리아, 분수 쇼를 펼치는 참억새, 아가판서스, 숲꽃담배, 지중해산토끼꽃 등 눈과 귀를 어디에 두어야 할지 모르게 시골벽적한 풍경이다.

꽃이 피는 시기가 이미 지난 뒤의 선큰정원.
그러나 새로 복원하여 하얗게 빛나는
집을 배경으로 여전히 다양한 면모를 드러낸다.

마리안네는 연못가의 큰등골나물이
마침내 최종 높이에 도달하면 선큰정원을
내다보며 흡족해하곤 했다.

> 흰색은 모든 색의
> 상대역으로, 뺄 수가 없지.
> 흰색이 없는 화단은
> 완성되었다고 볼 수 없어.

서 있는 곳이 실은 남향인데, 이제 너무 커져서 정원에 큰 그늘을 드리우고 있다. 봄길은 거의 다 이 단풍나무 그늘에 가려져 있는 느낌이다. 해가 점점 낮아지면서 빛과 그림자의 폭이 엄청나게 달라졌다. 사진작가들, 특히 영국에서 온 게리 로저스<sup>책 초판을 만들기 위해 출판사에서 초대한 영국의 사진작가</sup>가 투덜거린다.

수관 바로 아래 같은 폭으로 뿌리가 얼마나 번졌는지 그 주변에서 자라고 있는 봄꽃들의 힘도 약해진 것 같다. 그 때문에 몇 해 전부터 악순환에서 벗어나지 못하고 있다. 우선 쇠약해진 숙근초를 걷어 내고 땅을 가능한 한 부드럽게 갈아 준 다음 퇴비와 새 흙을 넣어 준다. 거기 새 숙근초를 심는데, 단풍나무 뿌리가 양분을 먼저 다 빨아들여 더욱 무성해지는 결과를 빚게 된다. 그러면 처음부터 같은 작업을 2~3년 터울로 반복해야 한다. 아니면 뿌리 차단막을 설치해 주어야 할지도 모르겠다. 여기는 두더지조차도 꺼린다.★

이제 가을빛이 제대로 익어 간다. 단풍나무잎들이 아주 곱게 물들기 시작했다. 성미 급한 감국<sup>Chrysanthemum indicum</sup> 'Cinderella'가 벌써 몇 주 전부터 꽃을 피웠다. 부드러운 적포도주 색깔로 꽃이 피는데, 너무 튀지는 않지만 혼자 있는 모습이 적적해 보였다. 이제 뉴욕아스터<sup>Aster novi-belgii</sup> 'Violetta'의 보라색 꽃이 피어 잘 어울리는 동무가 생겼다. 그 사이를 비집고 새빨갛게 화장을 한 아스터 'Alma'가 끼어들었다. 이 꽃은 서독의 푀시케<sup>Pötschke</sup>라는 식물원에서 만들어 낸 품종으로 'Andenken an Alma Pötschke<sup>알마 푀시케를 기리며</sup>'라는 긴 이름을 가지고 있는데 동독 시절에 서쪽에서 온 세련된 미인이라는 사실을 들키지 않게 하려고 그저 '알마'라 불렀다. 이 식물의 꽃은 너무 튀어서 다른 것과 조화를 이루기가 쉽지 않지만 포기하고 싶지 않은 절세미인이다. 정원 방문객들도 첫눈에 반하곤 한다.

★
이 말썽 많은 은단풍을 2011년 3월에 잘라 내고 그해 12월에 보식했다.

## 첫서리의 매력

10월 첫 주, 날이 눈부시게 화창하다. 정원은 마치 여름인 양 햇살을 가득 받아 색과 향이 넘친다. 여기저기 벤치에 앉아 행복하게 볕을 쏘이는 사람들로 그득해졌다.

그럼에도 입김이 뽀얗게 보이는 것을 보니 가을이 확실하다. 밤공기는 차고 맑으며, 새 물그릇에 살얼음이 얼어 반짝이는 것이 보인다. 바위솔의 머리가 하루 사이에 하얗게 세어 버렸다. 대형 화분 식물 중 특히 민감한 것들, 후크시아나 란타나$^{Lantana\ camara}$ 등을 우선 싸 두었다. 겨울나기 할 장소가 아직 정해지지 않아서 임시방편으로 보호해 준 것이다. 예전에는 뒤편 재배장에 온실이 있어서 아무 문제없었지만, 오래전에 온실을 다 철거해 버렸기 때문에 어디 마땅한 온실을 빌려야 한다.★ 온실 임대료가 나날이 비싸지고 있다. 다행히 연방문화재보호국에서 비용을 책임지겠다는 연락이 왔다. 방문객 중에 넓은 지하실이 없는 사람들은 연한 하늘색 꽃이 피는 플룸바고$^{Plumbago}$나, 협죽도, 후크시아 등 남국의 식물들을 기를 수 없다는 점을 늘 아쉽게 생각한다.

다알리아들이 밤 서리를 무사히 견뎌 냈다. 밤에 기온이 영하로 내려갈 것 같으면 항상 전통적으로 내려오는 방법으로 보호해 준다. 저녁때 모든 식물에게 호스로 물을 뿌려 주는 것이다. 그러면 얇은 얼음 막이 생겨 추위를 차단하는 역할을 한다. 빨간 여뀌가 내게는 온도계나 다름 없다. 이들이 축 늘어져 있으면 정말 밤에 추웠다는 사실을 알게 된다. 아쉽게도 나팔꽃이 밤 추위를 견디지 못했다. 꽃이 모두 늘어져 있다. 살펴보니 꽃눈은 아직 살아 있다. 번식을 위해서 필요한 부분인데, 그래도 다행이다.

주말에 동네에서 호박축제가 열린다고 한다. 몇 해 전부터 거기서 긴 호박을 구해 속을 파서 가을 꽃다발을 꽂아 놓는 것으로 가을의 시작을 알리곤 했다. 크기에 맞는 꽃병을 골라 그 안에 호박째로 넣어 두지 않으면 쉽게 썩어 버린다. 모양이 기이하게 생긴 작은 호박들은 따로 나뭇가지에 걸어 두는데, 박새들이 매일 아침 날아와서 살펴보곤 한다. 호박 속을 다 파내고 말려서 니스를 칠한 다음, 그 안에 새 모이를 넣어 나뭇가지에 걸어 둔다. 그러면 여러 달 간다. 박새들아 며칠만 기다리렴.

---

★
지금도 존재하는 '푀르스터 숙근초 재배장'은 월동력이 강한 튼튼한 품종을 재배하기 위해 모든 숙근초를 노지 재배한다.

구형으로 꽃이 달리는 폼폰Pompon형 다알리아는 늦여름부터 가을까지 꽃이 핀다. 이 품종의 이름은 'White Aster'인데 1879년에 육종된 것이지만 아직도 사서 심을 수 있다.

매우 드문 다알리아의 귀족 'Suffolk Punch'. 신비한 분홍자주색 꽃의 눈빛이 깊고, 짙은 청록색 잎과 진기한 조화를 이룬다.

2018년도에 복원하여 세워 놓은 비둘기집의 순백의 입주자들. 가까이에서 보면 선큰정원은 아직 여뀌의 선홍색 꼬리와 큰등골나물의 자주색, 다알리아의 붉은색 등, 여러 붉은색의 등을 켜 놓은 것처럼 보인다.

미국능소화 Campsis radicans의 꽃이 활짝 열려 트럼펫 소리가 들리는 것 같다. 순식간에 10미터 이상 트렐리스나 벽을 타고 올라가는 능력자다.

긴 기다림 끝에 다시 만난 대상화 Anemone japonica 'Andrea Atkinson'. 슬프고도 우아한 만남이다.

5월에 황금색으로 가득 피었던 장미꽃이 사라진 자리에 이렇게 예쁜 빨간 열매가 달려 정원의 가을을 풍성하게 한다.

2미터 높이를 자랑하는 일본매자나무 Berberis thunbergii 울타리는 평소에 별 관심을 끌지 못한다. 그러다가 9월 말이 되어 예쁜 열매를 맺기 시작하면 비로소 사람들의 시선이 머문다.

새신랑 새색시 인사드립니다. 불타는 듯한 여뀌 Persicaria amplexicaulis 'Firetail'과 태양의 신부 Helenium. 과연 궁합이 맞을까?

집의 남쪽에 오래전 아버지를 위해 내가 심어 놓은 파레리분꽃나무$^{Viburnum\ farreri}$가 서 있다. 거기가 아버지 서재 쪽인데, 글을 쓰다가 창문으로 내다볼 때 기뻐하셨으면 했다. 작고 어여쁜 꽃이 피는 나무인데 눈과 추위를 잘 견딘다. 아주 심하게 영하로 떨어지지 않으면 겨울에도 여러 주 동안 꽃이 피어 있다. 이 나무는 자주 잘라 주는 것이 좋다. 오래된 가지는 밑동까지 바짝 자르고, 끝이 마른 것들은 늘 제거해 주어야 한다. 그러면 금세 '회춘'한다.

새신랑 새색시 인사드립니다

정원이 오래되면 20년에 한 번쯤은 '물갈이'를 해 주어야 한다. 1980년대에도 한 번 바꾸어 주었는데, 그때 책임자가 헤르만 괴리츠 소장이었다. 그가 선큰정원 앞부분에 연보라색 꽃이 피는 두모수스아스터$^{Aster\ dumosus}$ 'Silberblaukissen'$^{은보라\ 방석}$, 분홍색 꽃이 피는 'Herbstgruss vom Bresserhof'$^{가을\ 인사}$ 등을 대량으로 심었다. 이 식물들은 지금도 건강하게 잘 자라고 있을 뿐만 아니라 어찌나 무성한지 가장자리를 조금씩 잘라 주어야 한다. 주로 이른 봄에 자른다. 아스터는 새들이 들어가 씨를 쪼아 먹거나 쥐들이 숨기에 아주 맞춤한 덤불을 이룬다.

이 부분이 요즘 가장 화려한 색상을 보여 주는 곳이다. 거기에 벼과 식물들, 키 큰 참억새$^{Miscanthus\ sinensis}$ 'Flamingo'와 진퍼리새$^{Molinia\ arundinacea}$ 'Karl Foerster', 그리고 갈풀$^{Phalaris\ arundinacea}$ 'China'가 합세하고 있고, 그 곁에는 흰 줄무늬가 있는 갈풀 'Pünktchen'$^{점박이}$도 나섰다.

가을아스터 사이에 아버지가 반해서 '제비꽃 왕'이라고 명명한 두메아스터$^{Aster\ amellus}$ 'Veilchenkönigin'을 심었다. 진자주색 꽃이 피는데, 이제는 구하기 힘든 품종이다. 그와 비슷한 자주색 계열 꽃이 피는 것으로 각국의 지명을 따서 이름 붙인 'Danzig'$^{폴란드\ 단치히}$나 'Sonora'$^{멕시코\ 소노라}$, 'Breslau'$^{폴란드\ 브레슬라우}$ 등이 있는데 이들 역시 쉽게 번식이 되지 않아 구하려면 전국 숙근초 재배장에 일일이 문의해야 한다.

최근에 사귄 땅딸한 '사제'가 있다. 역시 두메아스터$^{Aster\ ×\ frikartii}$ 계열로 이름이 'Mönch'$^{사제}$다. 아주 옅은 하늘색 꽃이 피며 중키에 옆으로 잔가지를 엄청 많이 내는 품종이다. 이 아스터 위로 아직도 버들마편초의 보라색 구름 조각들이 떠 있다. 정말 오래가는 꽃이다. 독일 이름은 '쇠풀'인데, 왜 그런지 이해할 수 있을 것 같다. 이들에게 벌과 나비 등 온갖 곤충과 카메라 렌즈가 집중된다.

저녁에 추워진다는 일기예보가 있으면 가을 꽃다발용 꽃을 꺾는다. 미역취 그룹이 이상하게 정원 애호가들 사이에서 그리 많이 알려지지 않았다. 그중 가장 늠름한 것이 주름미역취$^{Solidago\ rugosa}$다. 그중에서도 'Fireworks'라는 품종이 상당히 우아하다. 그보다 조금 작은 것이 캐시아미역취$^{Solidago\ caesia}$로 줄기가 가늘어 연약해 보이는 부류에 속한다. 'Golden Fleece'는 꽃술이 좀 짧은 편이다. 그 외 바닥을 덮는 피복성 미역취$^{Solidago\ virgaurea}$ 'Nana'도 있다.

이들은 모두 정원에 없어서는 안 될 식물들인데, 사람들은 잡초처럼 번진다고 몸서리친다. 하지만 그렇지 않다. 여기 언급된 품종들은 그런 성격이 모두 제거된 것들이다. 며칠 전에 미역취의 근사한 꽃대를 꺾어 호박꽃병 속에 꽂아 두었다. 둥근인가목$^{Rosa\ spinosissima}$의 까만 열매와 하늘색 꽃이 핀 아스터도 함께.

거듭 말하지만 정원에서 가장 아름다운 시간은 역시 저녁 해 질 무렵이다. 어스름 속에서 뉴욕아스터$^{Aster\ novi-belgii}$ 'Violetta'의 보라색 꽃과 거의 퇴폐적인 분위기의 살굿빛 꽃을 피우는 구절초$^{Chrysanthemum\ Zawadskii}$ 'Mary Stoker'가 묘한 조화를 이루고 있는 모습이 보인다. 뒤늦게 꽃이 핀 페퍼살비아$^{Salvia\ uliginosa}$가 흰 꽃이 핀 여뀌$^{Persicaria\ amplexicaulis}$ 'Alba' 사이로 선명한 하늘색 꽃대를 삐죽 내밀고 있다. 회양목 울타리에 첫 단풍잎이 내려앉았다.

## 가을정원의 프리마돈나들

집 뒤편 암석정원과 마주하고 있는 곳에 작은 가을정원이 있다. 여기서 요즘 대상화$^{Anemone\ Japonica}$ 'Honorine Jobert'가 최고의 아름다움을 자랑하고 있다. 대상화 중에서는 이 품종이 제일 예쁜 것 같다. 게다가 강인하기까지 해서 비가 와도 끄떡없다. 같은 대상화지만 더 연한 분홍색 꽃이 피는 'Rosenschale'$^{장미\ 수반}$과 서로 참 잘 어울린다. 이제 곧 곁을 지키고 선 송이바꽃$^{Aconitum\ carmichaelii}$ 'Arendsii'의 꽃도 필 것이다. 대상화는 가을에 심으면 좀 위험하다. 그럴 때는 심고 나서 나뭇가지 같은 것으로 잘 덮어 주어야 한다. 두메아스터$^{Aster\ amellus}$도 마찬가지여서 이들은 역시 봄에 심는 것이 유리하다.

측백 울타리 앞으로는 주로 대형 숙근초들을 심었다. 그중 가장 화려한 디바는 역시 루드베키아 'Juligold'. 라벤더색 꽃이 피는 아스터$^{Aster\ novae-angliae}$ 'Treasure'가 함께하고 있다.

가족정원과 그 뒤로 펼쳐지는
보르님의 푸른 들 풍경은 늘 하나다.

'가을에는 언제나'라는 별명을 가지고
있는 콜키쿰 Colchicum automnale.
크로커스를 꼭 닮은 이 꽃이 9월과 10월
가을에 나타나서 사람들을 놀라게 한다.

양쪽에서 큰등골나물의 호위를 받으며 서 있는
참억새 Miscanthus sinensis와 참억새 'Flamingo'가
은빛, 분홍빛의 술을 흔들어 대고 있고, 배경을 이루는
단정한 녹색 실루엣이 장면을 깔끔하게 마무리한다.

분홍색 꽃이 피는 다알리아와
청록의 꼬리새 Festuca cinerea도
어울리는 한 쌍일까? 뒤에서
굽어보는 큰등골나물은
주례인가 보다.

선큰정원 연못가의 큰잎부들과
단풍나무가 늦은 오후의 햇살을 받아
구릿빛으로 빛난다.

그들의 발치, 길가 쪽에서는 히말라야떡쑥$^{Anaphalis\ triplinervis}$과 얽힌 채로 콜키쿰이 연보라색 꽃잎을 내밀고 있다. 히말라야떡쑥의 꽃대를 일찌감치 잘라서 잘 말리면 드라이플라워용으로 제격이다. 성탄절 장식으로 써도 좋다. 그 맞은편은 가을머틀아스터 영역이다. 'Blue Star'의 남색 꽃, 'Pink Star'의 분홍색 꽃, 'Herbstmyrte'의 흰 꽃이 어지럽게 피어 있다. 그 곁을 지키는 참억새 'Große Fontäne$^{대형\ 분수}$'는 장군처럼 늠름하기도 하고, 흰 꽃을 마음껏 펼친 모습이 마치 분수에서 물이 뿜어져 나오는 것 같기도 하다. 그와 함께 부동자세로 노란색 꽃을 피운 채 꼿꼿하게 서 있는 식물 $^{Chrysopsis\ villosa}$ 'Sunny Shine'은 얼핏 보면 아스터를 꼭 빼닮았지만 아스터는 아니다. 그래서 '황금아스터'라 부르기도 한다. 이 역시 가을에 빠질 수 없는 식물이다. 하지만 내가 가장 사랑하는 아스터는 꽃이 자잘하며 어디에나 다 어울리는 '무난한' 안개아스터$^{Aster\ cordifolius}$ 'Ideal'이다. 연한 남색 꽃이 오래오래 피며 키는 1.2미터 정도다.

발길을 암석정원으로 옮긴다. 꼬불꼬불한 산책로를 따라 어두운 고사리계곡까지 간다. 그 길 끝에서 가을마가레트$^{Arctanthemum\ arcticum}$ 'Rosea'가 환하게 웃으며 길을 밝히고 있다. 그리고 그보다 키는 작지만 순백의 꽃이 피는 것도 있다. 피복성이어서 땅을 뒤덮기에 안성맞춤이다. 어둡고 건조한 곳에서도 이렇게 환하게 꽃을 피우니 앞의 선큰정원에도 심는 것이 옳겠으나 대체 어디에?

선큰정원으로 되돌아간다. 거기서는 장미들이 아직도 고운 꽃을 피우고 있다. 이즈음에는 'Sommerwind'의 연한 분홍색이 가장 예쁜 것 같다. 무려 1.65미터로 껑충하게 자라 연하늘색 꽃을 피우는 늦가을 살비아$^{Salvia\ azurea}$ 'Grandiflora'를 사이에 두고 장미 'Angela'와 'Mozart'의 꽃이 여전히 아름답게 피어 있다. 집 계단 기둥 옆의 어머니 덩굴장미 'Ilse Krohn Superior'도 그렇고 장미들은 모두 여름과 헤어지는 것이 싫은 모양이다.

1년 내내 한결같이 마음을 기쁘게 해 주는 식물이 있다. 때맞추어 나와 쑥쑥 잘 자라다가 꽃을 피우고, 잘라 줄 필요도 없이 뭐든지 알아서 하는 식물들. 연못 양쪽에 서 있는 큰등골나물 'Glutball'들이 그렇다. 봄에 돌돌 말린 새순이 올라왔다가 조금씩 펼쳐지는 모습부터가 예술이며, 파스텔톤 분홍색 꽃망울, 그리고 잎까지도 관심을 끈다. 물을 좋아하는 식물답게 조금 건조하면 잎을 축 늘어뜨린 채, 마치 '목말라'라고 외치는 것만 같다. 물을 주고 나면 언제 그랬냐 싶게 잎을 바로 수평으로 벌리고 명랑한 모습으로 다시 선다. 밤공기가 몹시 추워진 다음 날 보니, 큰등골나물의 둥글둥글한 대형 분홍색 꽃이 어느새 몽실몽실 강아지나 곰 인형 같은 갈색으로 변

이 절기에는 애기루드베키아의 무수한
노란 꽃과 검은 단추가 시선을 집중시킨다.

마리안네의 커피 타임에 익숙한 친구들도
10월 말 서머타임이 끝나면 시간을 못 맞추고 너무
일찍 나타나 서성댈 때가 있다. 숙근초들은 내장된
시계가 있는지 모두 제시간에 나타났다.
칼 푀르스터가 '정원의 무희'라는 별명을 붙인
버들잎해바라기 Helianthus salicifolius의 춤사위가
조명을 받아 신바람이 났다.

실새풀 'Stricta'는 훗날 'Karl Foerster'로 고쳐
부르게 된다. 족제비고사리와 너무 잘 어울린다.

> 만약 다시 태어난다면
> 그때도 정원사가 될 거야.
> 다음 생에서도.
> 정원사의 과업은 너무 커서
> 단 한 번의 생으로는
> 부족하니까.

해 있다.

아버지는 일찍부터 사진의 필요성을 발견하여 책에 실을 식물 사진을 직접 찍은 것으로도 유명했다. 그때 만든 수천 개의 슬라이드가 지금도 남아 있다. 소중한 유산이다. 나중에는 전문 사진작가들을 불러 일일이 식물을 찍게 했는데, 식물 옆에 척도가 될 만한 물건을 늘 같이 놓아두었다. 그래야 독자들이 사진만 보고도 식물의 크기를 제대로 판단할 수 있기 때문이었다. 척도로 주로 동원된 것이 삽이어서 사진작가들을 혼란에 빠뜨렸다. 우리 삽이 그래서 세계적인 스타가 되었다. 다음은 이웃집에 사는 여덟 살짜리 여자아이가 큰 억새 앞에 앉아 있는 사진이 유명해졌다. 비율은 3:2. 그런데 정작 문제는 작은 숙근초들이었다.

그때 어머니가 닭을 기르며 매일 자랑스럽게 달걀 숫자를 세었는데, 아버지가 가끔 그것을 훔쳐다가 작은 숙근초 옆에 두고 사진을 찍게 했다. 물론 촬영이 끝난 다음에 그 모델을 날 것으로 다 드셨다. 그때 몸통이 작은 갈색의 이탈리아 닭이 유행이었는데, 아버지는 그 닭이 낳은 작은 알까지 가져다 모델로 사용했다. 그때는 공작도 기르고 있었다. 새뿐만 아니라 닭들도 우리 속에 갇혀 지내지 않고 자유롭게 살며 큰 가시칠엽수 아래서 잠을 잤다. 그런데 공작새들이 어머니 다리를 늘 공격해서 결국 내보낼 수밖에 없었다.

물론 비둘기도 있었다. 옛날에는 선큰정원에 비둘기집이 있었고 집 지붕 밑에도 하나 있어서 여러 종류의 비둘기와 늘 함께 생활하다시피 했었다. 그중에는 '마틸데'와 '바바로사'라고 이름까지 지어 준 비둘기도 있었다. 그 새들은 잡초 뽑는 것을 거들었는데, 거기까지는 좋았지만 석축 사이에 애써 심어 놓은 바위솔을 다 뽑아 버린다거나, 지렁이를 잡기 위해 꽃을 다 헤쳐 놓아서 정원과 비둘기의 궁합이 늘 잘 맞지는 않았다. 그러던 어느 날 마르타 숙모가 점심을 먹으러 왔다. 어머니가 오늘은 비둘기 요리를 했다고 하니 숙모 눈이 커지면서 "설마 마틸데를 잡은 것은 아니겠지?" 했다. 어머니는 평소답지 않게 그렇다고 대답했다. 숙모는 울면서 뛰쳐나가고……. 바바로사는 몇 년을 더 살다가 자연사했다.

10월 15일. 10월 중순임에도 가끔 오늘처럼 화사한 날이 찾아오곤 한다. 이런 날들은 잊지 못한다. 빛을 가득 담고 온갖 색을 뿌리고 있는 정원을 마치 처음 보는 것 같은 눈으로 바라본다. 잠시 말을 잊는다. 아, 이 아름다움이 앞으로도 해마다 거듭될 것이라는 사실, 얼마나 좋은가!

일기예보에서는 비바람이 불 것이라 했다. 그런데 햇살이 찬란하고 기온은 20도! 사진작가 게리 로저스가 여섯 시간을 쉬지 않고 사진을 찍고 있다. 아주 만족한 표정이다. 오늘 게리는 임대한 고소작업대에 올라가 사진을 찍었다. 나도 올라가 보았다. 거기서 내려다보니 시각이 전혀 달라져 모든 것이 낯설다. 이런 시점에서 우리 집과 정원 그리고 먼 경관을 바라보기는 처음이다. 멀리 들판이 오색으로 물들어 있고 더 멀리 녹색의 숲이 아득하게 바라보인다. 여기서 집을 바라보니 솔직한 심정으로 집을 참 이상하게도 지었구나, 하는 생각이 든다. 우리 집을 누가 지었는지 도면도 없고 건축가의 이름도 없어 아무도 모르고 있다.*

## 가을의 마법

10월 28일. 오늘도 날이 화창하다. 새 울음소리로 시작되는 하루. 연못가의 공기는 큰등골나물잎의 향으로 가득하다. 큰등골나물의 마른 잎을 손으로 문질러 본 적이 있는지. 고소하고 독특한 향이 번진다. 81세 된 연못가의 단풍나무가 이제는 완전히 빨갛게 물들어 불타고 있다. 마치 게리 로저스의 화보 촬영 날짜에 맞추어 일제히 빨간 옷으로 갈아입은 것 같다. 촬영하는 동안 한 잎 두 잎 떨어지기 시작한다. 다음 날 아침에 보니 잎을 완전히 다 떨구고 벌거벗은 채 서 있다. 그 대신 연못 수면을 잎으로 빨갛게 뒤덮었다. 갑자기 닥친 어둠 때문인지 금붕어들이 좀 놀란 것 같다. 분주하게 움직인다. 물 위에서 떠도는 나뭇잎들을 보면 동화 같은 기분이 든다. 잎들이 모두 아주 천천히 움직이는데 유독 가운데 있는 잎만 움직임 없이 고요하다.

연못 왼쪽에 서 있는 일본당단풍 'Autumn Glory'는 잎을 좀 더 오래 달고 있다. 거의 체리색에 가까운 눈부신 잎들이다. 해가 비치지 않는 쪽의 가지에 이끼가 앉아

★
마리안네 사후에 주택 복원을 위해 조사한 결과 알베르트 프뢰리히Albert Froehlich라는 건축가였다는 사실이 밝혀졌다.

이 자주꿩의비름Sedum telephium
품종명은 'Herbstfreude가을의 기쁨'이다.
이보다 더 어울릴 수 있을까?
향기 나는 흰 꽃이 피는 한해살이풀
알리섬Lobularia maritima과 만났다.

가을정원이 펼치는 이 근사한 장면 속의 주인공들을 보면, 제일 앞줄에서는
칼라민타 네페타Calamintha nepeta가 연분홍 안개를 뿌리고, 그 뒤로 자주꿩의비름
'Herbstfreude', 큰개기장Panicum virgatum이 서 있다. 제일 뒤에서
털대상화Anemone tomentosa 'Serenade'가 분홍색 병풍을 둘러 감싼다.

가을이 깊어지기 전, 암석정원은 녹색들의 유희가 한창이다. 여기에도 실새풀 'Karl Foerster'는 어김없이 끼어든다.

척박한 곳에서도 희게 빛날 줄 아는
불란서국화 Leucanthemum vulgare가 가을정원의
노르웨이단풍 아래에도 어느새 넓게 자리 잡았다.

'Kaskade'라는 품종명이 무색하지
않은 참억새의 꽃이 분수처럼 쏟아진다.
키는 2미터까지 도달한다.

연녹색으로 물들었는데, 잎의 단풍색과 기막히게 어우러진다. 오른쪽의 일본당단풍은 벌써 잎을 다 잃은 지 여러 주 된다.

가을이 깊었음에도 아직 정원의 여기저기에서 화려한 색들의 수다가 그치지 않고 있다. 비가 와도 아랑곳없고 밤공기가 얼어붙어도 끄떡없는 식물들, 적나라한 보라색 열매를 다닥다닥 달고 서 있는 기랄디작살나무 $^{Callicarpa\ bodinieri\ var.\ giraldii}$, 그 곁에 노란 감국 'Schaffhausen'이 가녀린 몸매를 작살나무에 기대고 있다. 그 아래에 있는 검은 잎에 흰 꽃, 분홍색 눈동자를 지닌 아스터$^{Aster\ lateriflorus}$ 'Lady in Black'의 모습이 요염하다. 이 꽃은 꺾어서 꽃병에 꽂으면 정말 아름답다.

참억새 'Ghana'가 꺼내 입은 올해의 가을옷은 예년에 비해 붉은 기가 좀 더 진해진 것 같다. 벼과 식물들의 색은 유난히 날씨에 민감하게 반응하여 해마다 새롭고 경이롭다.

선큰정원 앞부분에 있는 노란 감국 중에 'Tante Heti$^{헤티\ 이모}$'라는 품종이 있다. 가늘고 긴 연노란색 꽃잎 끝이 갑자기 넓어지는 특이한 품종이다. 학같이 우아한 옷을 지어 입은 숙녀 같아서 사람들이 흠모하는 꽃이다. 다만 월동력이 떨어져서인지 요즘에는 통 구하기가 어렵다. 이 '헤티 이모'에 기대어 있는 것이 하늘색 사제복을 입은 아스터$^{Aster\ \times\ frikartii}$ 'Moench'다. 6주 전에 이리로 옮겨 주었다.

이들 옆에서 가우라가 아직도 수백 마리의 나비를 날리고 있다. 아버지 시절에는 가우라가 없었다. 알았더라면 틀림없이 그의 'LP판' 목록에 수집되었을 것이다.

## 정원 애호가들에게는 힘든 시간

이제 우리 같은 '정원인간'들에게는 특별히 힘든 시간이 다가오고 있다. 해가 점점 일찍 떨어져 오후 커피를 마실 시간이면 이미 어두워진다. 독일 북부에서는 10월 말이면 오후 네 시에 이미 어두워진다.

낮이 짧아지니 많은 것을 놓치는 기분인데, 식물에게는 아무 상관없어 보인다. 우리에게도 남은 색들을 최대한 즐겨야 하는 시간이 온 것이다.

장미 'Angela'는 아직도 꽃이 있다. 그런데 동무가 새로 생겼다. 감국 'Poesie'가 흰 꽃을 피운 것이다. 이 감국은 루마니아의 어느 농가에서 발견했다. 흰 꽃잎이 투명할 정도로 맑고, 날이 추워지면 살짝 얼굴을 붉히는 수줍은 시골 처녀.

이 글을 쓰다가 거실 창문으로 밖을 내다보니 저 뒤쪽에 서 있는 한 무리의 감

자리공Phytolacca acinosa의 넓은 잎과
붉은 열매 사이로 바라본 어머니 에바의
초가집이다. 이 역시 새로 복원했는데,
정원사들이 이곳에서 특별한
손님들에게 차를 대접하기도 한다.

칼라민타 네페타 중에서 가장 색이 강렬한
'Blue Cloud'는 여기 층위를 이루고 있는 여러
숙근초 중에서 곤충이 가장 많이 찾는 꽃이다.
중간층의 다알리아 'Olympic Fire'가
붉은 등불을 켰다.

마리안네의 정원에도 맥문동Liriope muscari은 있다.
그늘에 숨어 있다가 이리 예쁘게 꽃을 피워 문득
존재감을 드러낸다.

국^Chrysanthemum Indicum들의 윤곽이 선명하게 떠오른다. 밝은 분홍색 무도복을 입은 'Elfenreigen^요정들의 춤', 보르도 와인색에 은빛을 뿌린 듯한 'Karminsilber^붉은 은', 짙은 자주색 꽃이 피는 'Brennpunkt^발화점' 그리고 분홍빛 은색 꽃이 피는 내 사랑 'Nebelrose^안개장미'. 그 아래 서 있는 'Oury' 꽃의 선명한 분홍색은 립스틱과 꽃에서만 가능한 색인데, 멀리서도 눈을 찔러온다. 'Nebelrose'는 아버지가 1908년에 우연히 발견하여 재배한 거의 초기 품종에 해당한다. 이 역시 정원에 없어서는 안 될 존재다.

　　영국 왕립원예협회에서 발간하는 잡지를 받아 보고 있는데, 거기 언젠가 이런 독자의 글이 사진과 함께 실린 적이 있다. "이건 아주 늦가을에 피는 국화인데 잎이 빨갛게 변합니다. 이 품종의 이름을 아는 분이 있을까요?" 다음 호에 보니 답이 실렸다. "제 할머니가 같은 것을 길렀습니다. 1870년대부터요. 이름은 'Imperatrice of India'입니다. 이런 이야기는 정말 재미있다. 식물의 역사와 족보에 관한 이야기를 좀 더 많이 읽고 싶은데, 출간된 책들이 별로 없어 아쉽다.

## 육종가 이야기는 늘 흥미롭다

아마 가장 널리 알려진 장미 중에 하나가 'Gloria Dei'일 것이다. 정원 애호가치고 이 장미를 모르는 사람은 없을 테지만, 그 이름 뒤에 숨은 사연은 잘 모르는 경우가 많다. 제2차 세계대전이 발발하기 직전, 이 장미를 개발한 프랑스의 멜랑^Meilland 가문은 대대로 장미 육종가 집안이다이 독일, 이탈리아 그리고 미국의 육종가들에게 한 뿌리씩 보냈다. 전쟁이 끝난 후 확인해 보니 장미는 세 수신인에게 무사히 전달되었고, 세 사람 모두 재배에 성공했다는 반가운 소식을 전했다. 전쟁 중에 서로 통신이 끊어져 각자 나름대로 임시 이름을 붙여서 기르고 있었는데, 대조를 해 보니 독일에서는 'Gloria Dei', 이탈리아에서는 'Gloria' 그리고 미국에서는 'Peace'로 불리고 있었다. 그런데 막상 육종가 자신은 자기 아내에게 바친다는 의미에서 'Madame Meilland'이라고 했단다. 이 이야기는 안토니아 리지^Antonia Ridge가 쓴 《장미 사랑을 위하여^For Love of a Rose》라는 책에서 읽은 것이다.

　　어머니는 작은 수첩에 육종가들의 이름과 그들이 만든 식물을 메모해 두었다. 나중에 하인츠 하게만 소장이 그 일을 넘겨받았으나 너무 많아서 그랬는지 곧 포기하고 말았다. 어떤 식물을 언제 어디서 누가 어떻게 만들었는지를 아는 것도 내게는 퍽 중요해 보인다. 육종가마다 손맛이 다르고, 자신의 개성이 꽃에도 드러나기 마련이며, 그것을 사다가 정원에 심고자 한다면 출생지의 기후조건도 제대로 알아야 하기 때문이다. 미국의 잘 만들어진 카탈로그를 보면 식물 학명 옆에 기후대를 함께 표기하는 경우도 있다. 물론 기후 지도도 함께 수록한다. 미국에 비하면 독일의 기후 지도를 만드는 일은 거의 거저먹기와 다름없다. 품종 이름 옆에 월동 관련 정보도 충분히 제공해 주면 좋을 텐데.

암석정원 중앙에 조성된 큰 언덕이
연노랑체꽃 Scabiosa ochroleuca으로 가득 뒤덮였다.
여기 큰꿩의밥 Luzula sylvatica이 합세했다.

## 계단   STUFEN

Wir sollen heiter Raum um Raum durchschreiten,
An keinem wie an einer Heimat hängen,
Der Weltgeist will nicht fesseln uns und engen,
Er will uns Stuf' um Stufe heben, weiten.
Kaum sind wir heimisch einem Lebenskreise
Und traulich eingewohnt, so droht Erschlaffen;
Nur wer bereit zu Aufbruch ist und Reise,
Mag lähmender Gewöhnung sich entraffen.


우리는 기쁜 마음으로 생의 공간들을 하나씩 하나씩 건너야 한다.
어느 곳도 고향처럼 집착하지 말아야 한다.
우주의 정신은 구속하려고도 억압하려고도 하지 않으며,
우리를 한 단계씩 높이고 넓히려 한다.
삶의 한 단계에 익숙해지면 타성에 젖는데,
다시 일어나 길을 떠날 준비가 되어 있는 자만이
관성의 틀에서 벗어날 수 있다.

헤르만 헤세

11월 초에서 12월 초까지

# 늦가을

단풍나무가 없다면 무슨 수로 늦가을의 정취를 나타낼까?
'Autumn Glory'라는 품종명은 정말 꼭 들어맞는다.

가을이 깊어지면서 한때 선명했던 선큰정원의 계단이나
판석길의 구조가 식물에 뒤덮여 희미해진다. 그라스와
키 큰 숙근초의 구리색과 갈색이 늦가을의 깊은 꿈에 잠긴 것
같다. 이제 봄이 되어 선큰정원의 절기가 새로 시작되면
계단도 판석길도 다시 선명하게 나타날 것이다.

> 그라스와 고사리는
> 정원에 자연스러움이라는
> 기적을 일으키는 존재들이야.

늦가을은 사실 연못가의 큰등골나물을 '씻어' 주는 작업으로 시작된다. 보통 11월에 하는 일이다. 가을로 접어들면서 큰등골나물들의 잎이 점차 갈색으로 변하다가 마지막에 까맣게 변해 연못귀신 같은 형상을 하게 되면 씻어 줄 때가 된 것이다. 우리 정원을 자주 찾아오는 베를린 레이디가 두 명 있는데, 11월에 와서 큰등골나물을 씻어 주겠노라고 자청한 적이 있었다. 이름은 모르고 전화번호부에 '레이디'라 써 놓았다. 전화했더니 단숨에 달려왔다. 두 사람이 그 많은 검은 잎을 다 떼어 주고 간 덕분에 이제 큰등골나물이 한결 시원해 보인다. 줄기 사이사이로 투명한 빛이 통과한다. 해마다 이렇게 큰등골나물의 잎을 털고 그 사이로 바라보이는 정원을 만끽하는 순간은 정말 행복하다. 둥근 머리들이 서리를 곱게 쓰고 은발이 되어 서 있는 모습을 보면서 은세공사들이 여기서 영감을 얻어 가야 하지 않나, 이런 생각도 해 본다. 물론 베를린 레이디들에게 원하는 식물을 넉넉히 챙겨 드렸다. 그들은 내년을 또 기약하며 갔다.

    이제부터는 식물 자르기가 본격적으로 시작된다. 너무 크게 자란 것들은 포기도 나누어 주어야 한다. 아스터나 루드베키아처럼 늦은 가을에 이식해도 별 탈 없는 식물들은 자리도 옮겨 준다. 정원의 원형이 머릿속에 그려져 있으니 이를 유지하기 위해 필요한 작업을 하는 것이다. 이 경우에는 우리 인간이 적극적으로 나서야 한다. 어머니 대지의 힘에만 의존할 수는 없다. 많은 사람이 '모든 것을 자연의 힘에 맡겨야 한다'고 주장하지만 그러다가도 정원이 지저분하다고 투덜거린다.

    페터 요제프 레네Peter Joseph Lenné 1789~1866. 프로이센의 왕실수석조경가가 좋은 말을 하나 남겼다. '정원인간'이라면 누구나 이 글귀를 써서 액자에 걸어 두어야 할 것이다. "관리 없이는 아무것도 잘 자라지 않는다. 아무리 본질이 뛰어난 것이라도 잘못 다루어 망치는 경우도 허다하다." 바로 이 글귀를 포츠담의 플라첵 시장에게 써서 보냈더니, 이듬해에 보조 정원사들을 보내 주었다.

집 3층 꼭대기에서 내려다보면 이렇게 선큰정원 전체가 한눈에 들어온다. 해가 기울어질 무렵에는 선큰정원에 내리는 빛과 그림자를 가장 잘 음미할 수 있다. 억새와 부들레야가 지난 몇 주 동안 부지런히 자라 독립수처럼 우뚝 서서 정원의 기둥이 되어 준다.

비비추나 원추리의 잎이 이제는 잎이라기보다 질척거리는 덩어리로 변했다. 이런 것들은 톱날이 달린 작은 손칼로 일일이 잘라 주는 수밖에 없다. 정원용품 파는 곳 어디에서나 쉽게 구할 수 있다.

저절로 씨를 뿌린 것들은 솎아 내고 아직 형태와 색깔을 제대로 유지하고 있는 것들은 모두 그대로 놓아둔다. 겨울에 뿌리가 젖는 것을 별로 좋아하지 않는 구절초나 아스터 같은 것들도 그대로 둔다. 그 반면에 제비고깔과 풀협죽도는 지상에서 한 뼘 정도의 높이로 다 잘라 준다. 그러고 나서 퇴비나 두엄을 뿌리 주변으로 살살 뿌린다. 덥석 얹어 주면 안 된다. 대극$^{Euphorbia}$같이 잎이 상록성으로 남아 있는 것들은 낙엽으로 덮어 주면 썩어서 곤란하고 성탄절 나무를 잘게 잘라서 덮으면 좋다. 그 많은 성탄절 나무를 내다 버리는 것을 보면 늘 마음이 언짢다.

11월 중순, 아직도 방문객들이 찾아온다. 이때면 영춘화$^{Jasminum\ nudiflorum}$가 피고, 풍년화$^{Hamamelis}$에 꽃망울이 맺힌다. 나팔꽃은 이미 오래전에 다 걷어 냈다. 그 빈자리가 허전해 트렐리스에 겨우살이와 노란색, 오렌지색 호박을 잔뜩 걸어 준다. 노박덩굴 $^{Celastrus\ orbiculatus}$의 알록달록한 가지들도 건다. 내친김에 열매 달린 갈리카장미 가지, 둥근 아가판서스의 마른 꽃송이도 걸었다. 사람들이 그런대로 보기에 괜찮다고 한다.

가을정원이 이제야 보물들을 꺼내 보여 준다. 피르스터 가족은 여러 품종의 억새 중에 'Kleine Spinne$^{작은\ 거미}$', 'Haiku$^{하이쿠}$'와 'Kaskade$^{폭포}$', 이 세 품종을 특히 사랑했다.

밤 기온이 영하로 떨어지면 나뭇잎의 색은 따뜻한 톤으로 바뀐다. 큰비비추 'Elegans'가 마침내 잎의 청녹색을 버렸고, 단풍나무는 붉게 타오르기 시작한다. 새 물불그릇은 도예가 도로테아 네틀러히의 작품이다.

늦가을

가족정원의 늦가을 전정 작업이 시작되었다.
회양목을 둥글게 혹은 동물 모양으로 다듬고 나니
마치 잔디밭에 우연히 나타난 형상인 것만 같다.

이제 식물의 번 교대가
시작되었다. 겨울을 나지 못하는
괭이밥Oxalis을 캐내고
그 자리에 튤립을 심는다.

마리안네는 늦가을에 크고 작은 호박을
집 앞 단풍나무에 걸어 놓는 전통을
만들었다. 지금도 이 정원을 책임지고 있는
정원사들이 충실히 따르고 있다.

수염붓꽃 Iris × barbata을 심을 준비도
마쳤다. 심기에 가장 좋은 절기는
8월이지만 늦가을에 심어도 괜찮다.

초가을에 주문한 튤립과
히아신스의 구근. 이제 심기만
하면 된다. 마리안네의 가르침에
따라 신품종도 늘 준비한다.

12월 초에서 2월 말까지

겨울

눈백자단 *Cotoneaster procumbens* 중에서도
'Streibs Findling' 품종은 겨우내 수없이
많은 붉은 열매를 매달기에 정말 소중하다.
바닥에 납작 엎드려 포복하는 상록 관목이다.

맷돌과 가족정원 사이에 서서 노랗게
꽃을 피운 중국풍년화 Hamamelis mollis.
겨울정원에서 홀로 시선을 끈다.

> 대지의 여신이
> 겨울잠을 자며 미소 짓네.

12월 6일, 성니콜라우스의 날이다. 외출했다가 오후 네 시경에 귀가해 보니 고양이 막스가 판석 위에서 나뭇잎을 가지고 놀고 있다. 어둑어둑하지만 아직 정원의 빛과 색은 알아볼 수 있다. 이제 식물들은 모두 붉은 갈색을 띠고 있다. 빨간 열매를 매단 장미 가지들이 지는 햇빛을 받아 오렌지색으로 타오른다. 그 사이로 보니 정원이 마치 붉은 갈색 문양의 양탄자를 깔아 놓은 것 같다. 아스터는 진한 갈색, 큰까치수염 $^{Lysimachia\ clethroides}$의 줄기는 진한 노란색, 그 사이 살비아잎이 회색으로 물들어 있고, 진퍼리새 'Karl Foerster'가 아스터 위에 양산을 펼쳐 들고 있다.

자줏잎초롱꽃$^{Heuchera}$도 자주색 잎만 남았는데, 그 위로 억새의 흰 깃털들이 나부끼고 양귀비는 때 아닌 녹색 잎을 내민다. 우아한 'Tante Heti'는 이미 작별 인사를 하고 가 버렸다. 충실한 감국 'Nebelrose'의 분홍색, 'Karminsilber'의 진분홍색 그리고 'Oury'의 새빨간 입술이 여전히 아름답다. 장미 중에는 아직도 꽃봉오리와 꽃을 달고 있는 것이 있으며, 잎은 여전히 녹색이다. 무엇보다도 놀랄 일은 등$^{Wisteria}$이 아직도 새파랗게 잎을 매달고 있다는 사실이다. 아무래도 눈이 오면 눈송이와 함께 등잎도 우수수 떨어져 내릴 것 같다.

민감한 식물들은 모두 덮어 주었다. 퇴비로 덮은 것도 있고, 낙엽으로 덮은 것, 그리고 주목 가지로 덮은 것도 있다. 조금 병약해 보이는 수목 뿌리 주변에는 두엄을 뿌려 주었다. 다음 해에 기운을 내라는 보약이다.

이제 늦가을은 완전히 지나갔다. 눈과 함께 겨울이 올 시간이다. 아마도 성탄절이 되어서야 눈이 오겠지. 이 지역에서는 정월이나 2월이 사실 눈 오는 달이다.

**성탄절 장식 만들기**

성탄절이 가까워지면 누구나 이런 생각을 하게 된다. 선물을 직접 만들어서 해야 더

남미 출신의 팜파스그래스 *Cortaderia selloana*
'Argentea'가 여기 북쪽에서도 서식할 수 있다는
사실을 예전에는 상상도 할 수 없었다. 이제는
사정이 달라졌다. 심은 첫해에 벌써 꽃을 피웠다.

의미가 있는데……. 어린 시절에는 그렇게 배웠다.

정원이 있는 사람들은 이럴 때도 유리하다. 미리미리 필요한 것을 잘 모아 두면 아주 요긴하게 쓸 수 있다. 정원은 무궁무진한 재료를 제공한다. 억새나 수크령 같은 그라스와 국화과에 속하는 모든 식물을 소재로 쓸 수 있고, 숙근제라늄잎, 고사리잎, 이끼, 모나르다와 양귀비의 꽃잎 그리고 상상력만 있으면 된다. 아, 그리고 두꺼운 책이 필요하다. 꽃잎이나 나뭇잎을 두꺼운 책 사이에 끼워서 말려 두는데, 신선한 상태일 때 바로 넣어야 한다. 색이 강한 것들, 단풍의 빨간색 등은 너무 세게 누르면 색이 상하니 주의한다. 크리스티아네 슐뤼셀이 쓴 《꽃잎과 허브로 만드는 요리》나 디트힐트 북하임이 쓴 《나뭇잎으로 그린 디티의 그림들》 같은 책이 정말 요긴하다. 선물을 직접 만들 때 많은 힌트도 얻을 수 있거니와 그저 보고만 있어도 기분이 좋아지는 책이다. 친구로부터 꽈리꽃을 한 아름 나누어 받았다. 요즘 이 꽃이 아주 유행인 것 같다. 꽃 속에 들어 있는 꽈리를 잘라서 억새 줄기나 아가판서스 줄기 끝에 매달아도 예쁘고, 꽈리를 뺀 꽃잎은 잘 벌려서 소나무 가지에 꽂아 주면 포인세티아만큼이나 예쁘다. 이때 닫힌 꽃잎을 물에 적셔서 꽃잎에 난 금을 따라 잘 잘라서 펴 준 다음 신문지로 눌러서 말린다. 잘 마르면 철사에 묶어서 소나무로 만든 화환에 꽂아 주면 된다.

내 경우 크리스마스트리에는 은행잎을 꼭 매달아 놓고 거실 창문에도 매달아 둔다. 아가판서스의 둥근 꽃송이를 따서 씨를 다 제거해 준 다음 골격만 남은 것에 금색 철사를 얼기설기 엮어 주면 크리스마스트리용 '금공'이 완성된다. 유리공을 살 필요가 없다. 은동전풀의 열매는 마치 크리스마스트리나 카드를 장식하라고 존재하는 것만 같다. 이것을 몇 개 서로 붙여서 크리스마스카드에 붙이면 저절로 '정원에서 온 성탄절 인사'가 된다.

## 겨울잠

1월인데 아직도 눈 소식이 없다. '정원인간'들은 이럴 때면 산란한 마음으로 정원을 돌아다니며 이런저런 생각에 젖는다. 내년 봄에는 무엇을 심을까. 어디를 어떻게 손을 보아야 더 아름다워질까. 우체통도 매일 열어 본다. 재배장의 새해 카탈로그가 아직도 오지 않았다. 오는 대로 바로 덮쳐서 다 읽어야 직성이 풀리는데…….

드디어 눈이 내렸다. 아주 많이 내렸다. 이상하게 마음이 조용히 가라앉는다. 산란하던 마음이 차분해지고, 정원의 눈부신 아름다움에 카메라를 꺼내 든다.

가을정원에도 겨울이 왔다.
억새는 이 절기를 위해 태어난 식물 같다.
이들의 강건함 덕분에 겨울정원도 매력적이다.

이렇게 눈이 너무 많이 오면 식물들을 좀 도와주어야 한다. 특히 침엽수 가지들은 부러지기 쉬우므로 조심조심 줄기를 두드려서 눈보라가 일게 해야 한다. 너무 세게 흔들면 눈이 바닥에 쏟아져 덩어리로 쌓이게 되고, 그게 얼어붙으면 머리가 아파진다. 이 일은 어릴 때부터 내 과제였다!

이 절기에 의미 있는 식물이라면 우선 억새를 들 수 있겠다. 아래 둥치 쪽만 좀 여유 있게 묶어 주고 나머지 벼과 식물들, 즉 은청바랭이새$^{Andropogon\ scoparius}$, 산새풀$^{Calamagrostis}$, 기장$^{Panicum}$은 있는 그대로 놓아두어도 된다. 진퍼리새$^{Molinia}$나 수크령$^{Pennisetum}$은 아쉽게도 눈을 쓰고 있는 모습을 보기 힘들다. 눈이 오기 전 늦가을 바람에 대부분 꺾이거나 누워 버린다. 내 경우 꺾이거나 누운 채로 그대로 둔다. 검은 갈색으로 변한 두모수스아스터 위에 누워 있는 수크령 줄기들도 그런대로 운치가 있다. 게다가 들쥐나 새에게 은신처를 제공해 주기도 한다.

키 크고 풍성했던 숙근초들, 노루오줌, 아스터, 자주꿩의비름, 루드베키아 'Goldsturm', 살비아 'Berggarten' 등이 겨울정원의 기본 골조를 이룬다.

그럼에도 겨울이 다 지나간 것만 같은 느낌이 든다. 어젯밤 큰바람이 불어 눈을 다 몰아가 버렸다. 이제 눈에 내려앉은 깃털에서 검은지빠귀들의 전투 흔적을 찾는 일도 끝이고, 고양이들의 어지러운 발자국과 새들이 가느다란 발로 눈 위에 기호처럼 남긴 발자국도 찾을 수 없게 되었다. 그러고 보니 낯선 발자국이 보인다. 뾰족구두 발자국이다. 정원사는 아니겠고 멋쟁이 숙녀가 다녀간 모양이다. 이렇게 겨울에도 정원을 찾아오는 손님들을 위해 한번은 장미배추를 화분에 심고 거기에 노란 장미를 사다가 꽂아 놓은 적이 있다. 아직도 가끔은 이런 장난기가 발동한다.

단 한 번 겨울에 연못의 물을 뺀 적이 있었다. 그 후 다시는 물을 빼지 않는다. 정원에 약 33제곱미터 정도 구멍이 시커멓게 뻥 뚫려 있는 모습을 다시는 보고 싶지 않다. 그때 너무 허전하고 보기 싫어 참다못해 빈 연못 가운데 짚으로 허수아비를 만들어 세워 놓았다. 그래도 허전하여 이번에는 하얀 전등갓을 가져와 모자처럼 씌워 주었더니 꼭 흰 모자를 쓴 숙녀 같았다. 내친김에 철사로 팔을 만들고 어머니의 흰 장갑을 끼웠다. 그런데 바람이 불 때마다 빙빙 돌아 방향을 바꾸는 것이 마치 교통경찰 같아 보여 헌 의자를 가져다 받쳐 주어 고정했다. 어느 날, 젊은이들이 놀러 와서 그 의자에 앉아 사진을 찍고 갔다!

3월까지 우리 정원에는 이렇게 숙근초와 벼과 식물들을 그대로 세워 둔다. 눈이나 서리가 내릴 때 생각지 못했던 놀라운 정경들을 체험할 수 있고, 식물들을 전혀 다른 각도에서 바라볼 수 있는 기회를 제공한다. 모든 식물이 연약하고 가냘파 보인다. 정원 애호가들은 가을에 정원을 깨끗이 청소하기 전에 우선 잘 고려해 보아야 한다. 누구와 함께 겨울을 보낼 것인가. 식물들은 모두 지난 계절의 기억을 간직하고 있다.

    그러나 언젠가는 가슴 아픈 '자르기' 시간이 오고야 만다. 그러면 정원이 갑자기 벌거벗은 것 같고 땅이 아무런 보호막도 없이 눈앞에 속살을 고스란히 내보이고 있는 것 같다. 그리고 지나간 해, 정원의 기억도 모두 사라져 버린다. 거의 모두.

겨울나무도 이렇게 아름다울 수 있다.
풍년화 *Hamamelis japonica*의 구불거리는
줄기와 잔가지에 조용히 눈이 내려 앉았다.

정원은 커도 작아도 충분히 아름다울 수 있다.
이는 그림이 크거나 작거나, 시가 짧거나 한없이 길거나,
아무 상관없는 것과 마찬가지다.
정원의 크고 작음은 그 아름다움과 관계가 없다.

후고 폰 호프만스탈 1874~1929, Hugo von Hoffmannsthal, 오스트리아의 시인이며 극작가

"대지의 여신이 겨울잠을 자며 미소 짓는다"라는 칼 푀르스터의 말처럼 선큰정원은 고요한 겨울잠에 들어갔다. 가득 찼던 정원이 텅 비고 나니 연못과 포장길 등 정원의 구조가 다시 선명하게 보인다. 아직 자리를 지키고 있는 그라스들은 이듬해 3월에 잘라 줄 것이다.

칼 푀르스터의 색의 삼화음

원추리 꽃이 다양한 색조로 피어났다.
그 뒤에 선 산여뀌*Aconogonon speciosum*
'Johanniswolke요한의 구름'의 크림색 꽃이
구름처럼 퍼지려 한다.

서로 좋아하는 세 식물이 함께했다.
까칠한 지중해산토끼꽃 뒤에서 제비고깔
'Abgesang'이 두 번째 음을 넣고
가시풍접초가 세 번째 음을 포갠다.

키 큰 제비고깔 'Jubelruf'의
늘씬한 꽃대가 장엄하기까지 하다.

자줏잎초롱꽃과 동그란
휴케렐라 *Heucherella* 가 다채로운 잎 색을
뽐내고 있는데, 미르시니아대극,
알프스엉겅퀴 *Eryngium alpinum*,
그리고 담쟁이 잎도 모여들었다.

> 이런들 어떠하리
> 저런들 어떠하리.*

 

칼 푀르스터가 살아 있을 때, 즉 1970년까지 정원 식재와 화훼 분야에서 회자했던 개념 중에 '색의 삼화음'이 있었는데, 이 개념이 최근 다시 중요한 화두가 되고 있다. 음악에서 세 개의 음이 동시에 울려 퍼지는 것을 삼화음이라고 하는데, 이는 밝은 느낌의 장조와 다소 우울한 느낌의 단조로 구분된다. 음악적 재능도 있고 관심도 깊었던 칼 푀르스터가 음악 개념을 색채 조합에 적용한 것은 극히 자연스러운 일이었다. 그는 자신의 정원 세계를 위해, 그리고 정원의 장면은 물론 평생 즐겼던 꽃꽂이에도 활용하기 위해 색의 삼화음이라는 개념을 도입했다.

심미주의자였던 푀르스터에게 '조화'는 모든 것의 핵심이었다. 이는 수십 년간의 숙근초 육종 작업에서도 드러났다. 그는 제비고깔을 60년 동안, 풀협죽도를 40년 동안, 그리고 '태양의 신부'라 불렸던 헬레니움을 30년 동안 연구했으며, 그중에서도 제비고깔의 푸른색과 헬레니움의 노란색을 특히 사랑했다. 색상뿐만 아니라 형태의 조화에도 큰 가치를 두었는데, 그리 놀랄 일도 아니다. 이는 비단 정원에 식재할 때에만 해당하는 것이 아니라 꽃다발을 묶거나 꽃병에 꽃을 꽂을 때 조금 더 중요시했던 원칙이었다. 그는 다양한 크기의 꽃병 약 100개를 소유했을 정도로 이 작업에 열정을 쏟았다. 그는 부분적으로 괴테의 색채 이론을 참고하기도 했다.

색상환에서 기본이 되는 원색은 파랑, 노랑, 빨강이다. 이 강한 원색은 색상환에서 좀 잔잔한 보색과 마주 보고 있는데 원색과 보색은 서로 조합할 수 있다. 예를 들어 파랑에 아주 조금의 주황이나 노랑을, 노랑에는 보라를 섞을 수 있다. 조화를 원한다면, 노랑과 빨강 계열의 따뜻한 색상끼리 조합하거나 파랑 계열의 차가운 색상끼리 모으는 것이 좋다. 그러나 칼 푀르스터는 다음과 같은 신념을 가지고 있었다. "차

---

\*
칼 푀르스터가 잘 쓰던 표현으로, 차가운 색, 따뜻한 색끼리 따로 조합해도 되고 차가운 색과 따뜻한 색을 서로 조합해도 된다는 의미가 담겨 있다.

가운 색상과 따뜻한 색상을 서로 잘 조합하면 오히려 강렬한 느낌을 줄 수 있다."

정원의 화단에서도 꽃다발을 묶을 때도 어떤 꽃을 서로 이웃하게 하는지가 관건이다. 칼 푀르스터는 이렇게 조언했다. "작은 숙근초와 작은 구근식물을 심을 때는 하나의 음에서 화음으로 전개해 나가는 것이 좋다." 각 색상은 하나의 음밖에는 내지 못한다. 그러나 여러 색을 조합하면 훌륭한 화음을 얻을 수 있다는 뜻이다.

색 조합의 가능성은 무한하지만, 푀르스터가 정원에서 추천한 삼화음은 다음과 같은 다섯 가지가 있다.

실버그레이와 순수한 블루, 그리고 따뜻한 레드의 조합
화이트, 오렌지, 그리고 밝은 미디엄 블루의 조합
블루그린, 짙은 브라운, 그리고 옐로의 조합
핑크, 화이트, 그리고 어두운 레드의 조합
다채로운 잎을 가진 식물과 그라스의 블루그린, 카네이션잎의 실버블루 컬러 조합

"그는 이런 색 조합을 반쯤 졸면서 멍하게, 무덤덤하게 보지 말고 어린아이처럼 경이롭고 기쁜 마음으로 감상해야 한다고 덧붙였다."(칼 푀르스터의 책 《암석정원의 일곱 계절(Der Steingarten der sieben Jahreszeiten)》 127쪽)

다음에 나오는 예시들은 숙근초뿐만 아니라 구근식물과 작은 관목도 포함하고 있으며, 아름다운 색의 조화를 추구할 때 참고할 수 있다. 이 조합이 적절한 효과를 내기 위해서는 물론 개화 시기를 잘 선택해야 한다. 계절별로, 식물의 성장 행태에 따라 선발할 수 있는 식물의 종이 변할 수 있다는 사실을 기억하자.

## 실버그레이와 순수한 블루, 그리고 따뜻한 레드

**실버그레이**
세르비카톱풀 *Achillea serbica*
백두산떡쑥 *Antennaria dioica* 'Rubra'
우단점나도나물 *Cerastium tomentosum*
은빛꼬리풀 *Veronica incana* 'Argentea은'

붉은정원명아주 *Atriplex hortensis* 'Rubra',
나래가막살이 *Verbesina alternifolia*,
그리고 수잔루드베키아 *Rudbeckia hirta*가 어우러졌다.
배경에는 참억새 'Silberfeder'가 자리 잡았다.

카우츠Kautz가 육종한 제비고깔 'Glücksfund우연한 발견'

제비고깔 'Finsteraarhorn'과 연하늘색 'Sopran소프라노'의 꽃이 피어났다. 함께한 것은 흰색 꽃을 피운 다알리아 'White Aster'.

다알리아 'Parkfreude공원의 즐거움'이 헝가리방패꽃Veronica teucrium 'Knallblau쇼킹 블루'와 함께했다. 독특한 톱니 모양의 은빛 잎을 가진 금방망이Senecio cineraria도 자리 잡았다.

아프리카아가판서스Agapanthus africanus 뒤에서 애기루드베키아가 노란 머리를 내밀고, 저 뒤에서는 니티다루드베키아 'Juligold'의 강렬한 황금색 꽃이 아가판서스의 파란색 꽃과 멋진 보색 대비를 이룬다.

### 순수한 블루

캅카스물망초 *Brunnera macrophylla* 'Blaukuppel 푸른 돔'

제비고깔 *Delphinium grandiflorum* 'Völkerfrieden 국제 평화'

별히아신스 *Chionodoxa luciliae*

아르메니아무스카리 *Muscari armeniacum* 와 블루무스카리 *M. azureum*

### 따뜻한 레드

바위자스민봄맞이 *Androsace carnea* var. *laggeri*

블러드카네이션 *Dianthus cruentus*

히말라야양지꽃 *Potentilla atrosanguinea* 'Gibson's Scarlet'

수련 계열 튤립 *Tulipa kaufmanniana* 중 레드 만개하면 꽃잎이 수련과 흡사한 튤립 품종 그룹


## 화이트, 오렌지, 밝은 미디엄 블루

### 화이트

기는바위장대 *Arabis procurrens*

돌부채 *Bergenia* 'Silberlicht 은빛'

에리카 *Erica carnea* 'Alba'

누운자반풀 *Omphalodes verna* 'Alba'

홑꽃장구채 *Silene uniflora* 'Weißkelchlein 작은 흰 컵'

### 오렌지

풀명자 *Chaenomeles japonica*

뱀무 *Geum*

붉은조밥나물 *Hieracium rubrum*

제국패모 *Fritillaria imperialis* (구근식물)

### 밝은 미디엄 블루

두모수스아스터 *Aster dumosus* 'Prof. Anton Kippenberg 안톤 키펜베르크 교수'

캅카스초롱꽃 *Campanula caucasica* 'Blauer Zwerg 파란 난쟁이'

누운방패꽃 *Veronica prostrata* 'Pallida'

헬리안테뭄 'Bronzeteppich'가 넓게 번지고 있다.

관목장미 'Lichtkönigin Lucia빛의 여왕 루치아'의
연노란색 꽃을 자줏잎초롱꽃Heuchera micrantha
'Palace Purple'의 적갈색 잎이 받쳐 주고 있다.
여기에 향나무 잎이 어우러져 삼색 조화를 완성한다.

두 가지 색상을 띤 태양의 신부Helenium 'Königstiger뱅골호랑이'의
꽃이 피었다. 피르스터가 육종한 품종인데, 꽃잎 중앙은
노란색이고 점점 진한 붉은색이 된다.

베르누스 크로커스 Crocus vernus 'Queen of the Blues' (구근식물)

블루무스카리 Muscari azureum (구근식물)

## 블루그린, 짙은 브라운, 옐로

### 블루그린 관엽식물과 침엽수 잎

아카이나 부카나니 Acaena buchananii

에린기움 자벨리 Eryngium × zabelii 'Violetta'

블루페스큐 Festuca glauca

뚝향나무 Juniperus horizontalis 'Glauca'

### 짙은 브라운 대부분 잎 장식용

아주가 Ajuga reptans 'Purpurea'

애기기린초 Sedum middendorffianum

일본매자나무 Berberis thunbergii 'Nana'

헬리안테뭄 Helianthemum × cultorum 'Bronzeteppich 청동빛 양탄자'

### 옐로

노랑현호색 Corydalis lutea

습지대극 Euphorbia palustris

알리움 플라붐 Allium flavum (구근식물)

양골담초 Cytisus decumbens 관목

## 핑크, 화이트, 바이올렛

### 핑크

두모수스아스터 Aster dumosus 'Herbstgruß vom Bresserhof 가을 인사'

은뻐꾹채 Centaurea pulcherrima

꽃잔디 Phlox subulata 'Rosea'

철쭉 Azalea

## 화이트

크리스마스로즈 *Helleborus niger*
흰리본초 *Iberis sempervirens* 'Weißer Zwerg 흰 꼬마'
단풍매화헐떡이풀 *Tiarella cordifolia* 'Wherry'
고광나무 *Philadelphus* 'Manteau d'Hermine'

## 바이올렛

두메아스터 *Aster amellus* 'Veilchenkönigin 제비꽃 여왕'
보라망초 *Erigeron × cultorum* 'Dunkelste Aller 가장 진한'
여름살비아 *Salvia nemorosa* 'Ostfriesland'
은빛긴꼬리풀 *Veronica incana longifolia* 'Blauriesin 파란 거인'


## 관엽식물 – 은청색 그라스, 카네이션잎의 은청색

황금대극 *Euphorbia polychroma*
미꾸리광이풀 *Glyceria maxima*
큰비비추 *Hosta sieboldiana* 'Elegans'
줄사철나무 *Euonymus fortunei var. radicans*

### 칼푀르스터정원

주소   Am Raubfang 7, 14469 Potsdam-Bornim, Deutschland

개방 시간   10월부터 3월까지   09:00~17:00(어두워질 때까지)
           4월부터 9월까지    09:00~21:00(어두워질 때까지)

입장료   무료(가이드 신청 가능)

https://www.denkmalschutz.de/ueber-uns/treuhandstiftungen/detail/marianne-foerster-stiftung/69.html

식물 목록

본문 식물명 | 국가표준식물목록 정명 | 학명

## ㄱ

가시풍접초 | 가시풍접초 | *Cleome spinosa*  154, 238
가우라 | 가우라 | *Gaura lindheimeri*  148, 184, 209
가을마가레트 'Rosea' | *Arctanthemum arcticum* 'Rosea'  201
가을머틀아스터 | 아스테르 에리코이데스 | *Aster ericoides*  63, 201
가을머틀아스터 'Blue Star' | 아스테르 에리코이데스 '블루 스타' | *Aster ericoides* 'Blue Star'  201
가을머틀아스터 'Herbstmyrte' | 아스테르 에리코이데스 'Herbstmyrte' | *Aster ericoides* 'Herbstmyrte'  201
가을머틀아스터 'Pink Star' | 아스테르 에리코이데스 'Pink Star' | *Aster ericoides* 'Pink Star'  201
갈리카장미 'Complicata' | *Rosa gallica* 'Complicata'  122, 221
갈풀 'China' | 갈풀 'China' | *Phalaris arundinacea* 'China'  197
갈풀 'Pünktchen'(점박이) | 갈풀 'Pünktchen' | *Phalaris arundinacea* 'Pünktchen'  197
감국 | 감국 | *Chrysanthemum Indicum*  211
감국 'Cinderella' | 감국 'Cinderella' | *Chrysanthemum Indicum* 'Cinderella'  193
감국 'Brennpunkt(발화점)' | *Chrysanthemum* × *hortum* 'Brennpunkt'  211
감국 'Elfenreigen(요정들의 춤)' | *Chrysanthemum* × *hortum* 'Elfenreigen'  211
감국 'Herbstrubin(가을 루비)' | *Chrysanthemum* × *hortum* 'Herbstrubin'  24
감국 'Karminsilber(붉은 은)' | *Chrysanthemum* × *hortum* 'Karminsilber'  211, 227
감국 'Nebelrose(안개장미)' | *Chrysanthemum* × *hortum* 'Nebelrose'  211, 227
감국 'Oury' | *Chrysanthemum* × *hortum* 'Oury'  211, 227
감국 'Poesie(시)' | *Chrysanthemum* × *hortum* 'Poesie'  209
감국 'Schaffhausen' | *Chrysanthemum* × *hortum* 'Schaffhausen'  209
감국 'Tante Heti(헤티 이모)' | *Chrysanthemum* × *hortum* 'Tante Heti'  209, 227
개고사리 'Metallicum' | 개고사리 'Metallicum' | *Athyrium niponicum* 'Metallicum'  110
개구리초롱 | 캄파눌라 라푼쿨로이데스 | *Campanula rapunculoides*  162, 163
개밀아재비 'Blue Dune' | 레이무스 아레나리우스 'Blue Dune' | *Leymus arenarius* 'Blue Dune'  87, 109, 142
개승마 | 개승마 | *Actaea biternata*  159
개양귀비 | 개양귀비 | *Papaver rhoeas*  108, 138
갯는쟁이 | *Atriplex hortensis*  145, 178
갯지치 | *Mertensia*  76
고광나무 'Manteau d'Hermine' | *Philadelphus* 'Manteau d'Hermine'  247
고양이민트 'Walker's Low' | *Nepeta* × *faassenii* 'Walker's Low'  107, 130
고운나래새 | *Stipa pulcherrima*  52
골고사리 'Fritz Hahn' | 골고사리 'Fritz Hahn' | *Asplenium scolopendrium* 'Fritz Hahn'  160
골풀 | 골풀속 | *Juncus*  58
괭이밥 | 괭이밥속 | *Oxalis*  222
구절초 | 구절초속 | *Dendranthema*  58, 63, 161, 221
구절초 'Mary Stoker' | *Chrysanthemum Zawadskii* 'Mary Stoker'  198

귀룽나무 | 귀룽나무 '와테레리' | *Prunus padus* 'Watereri'  86
금매화 | 금매화속 | *Trollius*  58, 59
금방망이 | *Senecio cineraria*  242
금작화 | 게니스타속 | *Genista*  63
기는바위장대 | *Arabis procurrens*  243
기랄디작살나무 | 기랄디작살나무 | *Callicarpa bodinieri* var. *giraldii*  209
긴산꼬리풀 | 긴산꼬리풀 | *Veronica longifolia*  177
꼬리새 | 페스투카 키네레아 | *Festuca cinerea*  200
꽃골풀 | 꽃골풀 | *Butomus umbellatus*  172
꽃냉이 | 꽃밀이속 | *Alyssum*  76
꽃사과나무 | 꽃사과나무 | *Malus floribunda*  82, 83, 101
꽃사과나무 'Eleyi' | *Malus* 'Eleyi'  86
꽃사과나무 'John Downie' | *Malus* 'John Downie'  86
꽃사과나무 'Professor Anton Sprenger(안톤 슈프렝어 교수)' | *Malus* × *zumi* 'Professor Anton Sprenger'  115
꽃사과나무 'Hillieri' | *Malus* 'Hillieri'  61
꽃산새콩 | 꽃산새콩 | *Lathyrus vernus*  59, 89
꽃잔디 'Rosea' | 꽃잔디 'Rosea' | *Phlox subulata* 'Rosea'  245
꽃케일 | *Crambe cordifolia*  134

## ㄴ

나도양지꽃 | 나도양지꽃속 | *Waldsteinia*  145
나도히아신스 | 키오노독사 사르덴시스 | *Chionodoxa sardensis*  58
나래가막살이 | 나래가막살이 | *Verbesina alternifolia*  240, 241
나래새 | 나래새속 | *Achnatherum calamagrostis*  146
나리 | 백합속 | *Lilium*  162
나무수국 'Kyushu' | 나무수국 'Kyushu' | *Hydrangea paniculata* 'Kyushu'  104
나팔꽃(황제나팔꽃) 'Heavenly Blue(Morning Glory)' | *Ipomea tricolor* 'Heavenly Blue(Morning Glory)'  113, 114, 145, 188
낚시귀리 | 낚시귀리 | *Uniola latifolia*  186
난 | *Pleione*  110
넓은잎범꼬리 'Superba' | 넓은잎범꼬리 'Superba' | *Bistorta officinalis* 'Superba'  87
노란키앵초 | 프리물라 엘라티오르 | *Primula elatior*  59
노랑꽃창포 | 노랑꽃창포 | *Iris pseudacorus*  157, 173
노랑너도바람꽃 | 노랑너도바람꽃 | *Eranthis hyemalis*  73
노랑철쭉 | 노랑철쭉 | *Rhododendron luteum*  59, 187
노랑현호색 | 노랑현호색 | *Corydalis lutea*  245
노루귀 | 노루귀속 | *Hepatica*  76
노루오줌 | 노루오줌속 | *Astilbe*  161, 231
노루오줌 'Cattleya' | *Astilbe* 'Cattleya'  161
노루오줌 'Augustleuchten(8월의 등불)' | *Astilbe* 'Augustleuchten'  161
노루오줌 'Brautschleier(신부의 베일)' | *Astilbe* 'Brautschleier'  161
노루오줌 'Deutschland'(독일) | *Astilbe* 'Deutschland'  161
노루오줌 'Fanal(신호탄)' | *Astilbe* 'Fanal'  161
노루오줌 'Federsee(페더호수)' | *Astilbe* 'Federsee'  161
노루오줌 'Glut(불씨)' | *Astilbe* 'Glut'  161
노루오줌 'Peach Blossom' | *Astilbe* 'Peach Blossom'  161
노루오줌 'Prof. Van der Wielen(판데르빌렌교수)' | *Astilbe* 'Prof. Van der

Wielen' 161
노루오줌 'Pumila' | *Astilbe* 'Pumila' 161
노루오줌 'Red Sentinel' | *Astilbe* 'Red Sentinel' 161
노루오줌 'Sprite' | *Astilbe* 'Sprite' 161
노루오줌 'Straussenfeder(타조 깃털)' | *Astilbe* 'Straussenfeder' 161
노르웨이단풍 'Globosum' | 노르웨이단풍 'Globosum' | *Acer platanoides* 'Globosum' 61, 78, 86, 208
노박덩굴 | 노박덩굴 | *Celastrus orbiculatus* 221
노빌리스노루귀 | 노빌리스노루귀 | *Hepatica nobilis* 59
누운방패꽃 'Pallida' | 누운방패꽃 'Pallida' | *Veronica prostrata* 'Pallida' 243
누운자반풀 | 누운자반풀 | *Omphalodes verna* 80
누운자반풀 'Alba' | 누운자반풀 'Alba' | *Omphalodes verna* 'Alba' 243
눈개승마 'Zweiweltenkind(두 세상의 아이)' | 눈개승마 'Zweiweltenkind' | *Aruncus sylvestris* 'Zweiweltenkind' 158
눈고산안개초 'Rosea' | 눈고산안개초 '로세아' | *Gypsophila repens* 'Rosea' 122
눈고산안개초 'Rosenschleier(장미베일)' | 눈고산안개초 'Rosenschleier' | *Gypsophila repens* 'Rosenschleier' 145
눈백자단 'Streibs Findling' | 눈백자단 'Streibs Findling' | *Cotoneaster procumbens* 'Streibs Findling' 224, 225
뉴욕아스터 'Violetta' | 뉴욕아스터 'Violetta' | *Aster novi-belgii* 'Violetta' 193, 198
니그레스켄스비비추 'Krossa Regal' | 니그레스켄스비비추 'Krossa Regal' | *Hosta nigrescens* 'Krossa Regal' 137
니티다루드베키아 'Juligold(7월 황금)' | *Rudbeckia nitida* 'Juligold' 175, 242

## ㄷ

다알리아 'Bednall Beauty' | *Dahlia* 'Bednall Beauty' 169
다알리아 'Bishop of Llandaff' | *Dahlia* 'Bishop of Llandaff' 117
다알리아 'Gerrie Hoek' | *Dahlia* 'Gerrie Hoek' 117
다알리아 'Olympic Fire' | *Dahlia* 'Olympic Fire' 117, 210
다알리아 'Parkfreude(공원의 즐거움)' | *Dahlia* 'Parkfreude' 242
다알리아 'Satellite' | *Dahlia* 'Satellite' 144
다알리아 'Suffolk Punch' | *Dahlia* 'Suffolk Punch' 195
다알리아 'Swanlake(백조의 호수)' | *Dahlia* 'Swanlake' 117
다알리아 'Tartan' | *Dahlia* 'Tartan' 144
다알리아 'White Aster' | *Dahlia* 'White Aster' 195, 242
다알리아 'Yellow Hammer' | *Dahlia* 'Yellow Hammer' 117
다이어스캐모마일 'EC Buxton' | *Anthemis tinctoria* 'EC Buxton' 143
다이어스캐모마일 'Sauce Hollandaise' | *Anthemis tinctoria* 'Sauce Hollandaise' 143
다이어스캐모마일 'Susan Mitchell' | *Anthemis tinctoria* 'Susan Mitchell' 143
다이어스캐모마일 'Wargrave' | *Anthemis tinctoria* 'Wargrave' 143
단풍나무 | 단풍나무속 | *Acer* 10, 53, 63, 76, 77, 85, 86, 87, 109, 115, 145, 153, 157, 172, 173, 188, 193, 200, 204, 221, 223
단풍나무 'Fireglow' | 단풍나무 '파이어글로우' | *Acer palmatum* 'Fireglow' 27, 76
단풍매화헐떡이풀 | 단풍매화헐떡이풀 | *Tiarella cordifolia* 61
단풍매화헐떡이풀 'Wherry' | 단풍매화헐떡이풀 'Wherry' | *Tiarella cordifolia* 'Wherry' 247

달빛나팔꽃 | *Ipomoea alba* 114, 184, 188
당개나리 | *Forsythia suspensa* var. *fortunei* 75
당아욱 | 당아욱 | *Malva sylvestris* 184
대상화 'Andrea Atkinson' | 대상화 'Andrea Atkinson' | *Anemone japonica* 'Andrea Atkinson' 196, 205
대상화 'Honorine Jobert' | 대상화 'Honorine Jobert' | *Anemone Japonica* 'Honorine Jobert' 198
대상화 'Rosenschale(장미 수반)' | *Anemone* 'Rosenschale' 198
덩굴해란초 | 덩굴해란초 | *Cymbalaria muralis* 80
도깨비부채 | 도깨비부채 | *Rodgersia podophylla* 24
도라지 'Mariesii' | 도라지 'Mariesii' | *Platycodon grandiflorus* 'Mariesii' 163
독일괴불나무 | *Lonicera* × *purpusii* 75
독일붓꽃 'English Cottage' | 독일붓꽃 'English Cottage' | *Iris* × *germanica* 'English Cottage' 109
돌부채 | 돌부채속 | *Bergenia* 59, 100, 112
돌부채 'Doppelgänger(도플갱어)' | *Bergenia* 'Doppelgänger' 97
돌부채 'Eroica' | *Bergenia* 'Eroica' 100, 108
돌부채 'Schneekönigin(눈의 여왕)' | *Bergenia* 'Schneekönigin' 70, 71
돌부채 'Silberlicht(은빛)' | *Bergenia* 'Silberlicht' 243
두메아스터 'Breslau(폴란드 브레슬라우)' | *Aster amellus* 'Breslau' 197
두메아스터 'Danzig(폴란드 단치히)' | *Aster amellus* 'Danzig' 197
두메아스터 'Mönch(사제)' | 아스테르 프리카르티 'Mönch' | *Aster* × *frikartii* 'Mönch' 197
두메아스터 'Sonora(멕시코 소노라)' | *Aster amellus* 'Sonora' 197
두메아스터 'Veilchenkönigin(제비꽃 여왕)' | 아스테르 아멜루스 'Veilchenkönigin' | *Aster amellus* 'Veilchenkönigin' 197, 247
두모수스아스터 | *Aster dumosus* 63, 231
두모수스아스터 'Herbstgruß vom Bresserhof(가을 인사)' | *Aster dumosus* 'Herbstgruß vom Bresserhof' 197, 245
두모수스아스터 'Prof. Anton Kippenberg(안톤 키펜베르크 교수)' | *Aster dumosus* 'Prof. Anton Kippenberg' 243
두모수스아스터 'Silberblaukissen(은보라 방석)' | *Aster dumosus* 'Silberblaukissen' 197
둥근머리앵초 | 프리물라 덴티쿨라타 | *Primula denticulata* 59
둥근인가목 | 둥근인가목 | *Rosa spinosissima* 105, 198
디디마모나르다 | *Monarda dydima* 159
뚝향나무 'Glauca' | 뚝향나무 'Glauca' | *Juniperus horizontalis* 'Glauca' 245

## ㄹ

라바테라 | 라바테라속 | *Lavatera* 171
라벤더 | 라벤더속 | *Lavandula* 113, 162, 163, 166, 170, 177
란타나 | 란타나 카마라 | *Lantana camara* 194
러시아아몬드 | 러시아아몬드 | *Prunus tenella* 76
레티쿨라타붓꽃 | 레티쿨라타붓꽃 | *Iris reticulata* 59, 61
록키모란 | 록키모란 | *Paeonia rockii* 94
루드베키아 | 원추천인국속 | *Rudbeckia* 58, 161, 171, 172, 174, 175, 185, 217
루드베키아 'Goldsturm(황금 폭풍)' | *Rudbeckia* 'Goldsturm' 183, 231
루드베키아 'Juligold(7월 황금)' | *Rudbeckia* 'Juligold' 198

## ㅁ

마젤란후크시아 | 마젤란후크시아 | Fuchsia magellanica var. gracilis  114
만병초 | Rhododendron  33, 53, 103, 112, 179
만병초 'Baden-Baden' | Rhododendron repens 'Baden-Baden'  84, 106
만병초 'Cunningham's White' | Rhododendron 'Cunningham's White'  31, 108
만병초 'Effner' | Rhododendron 'Effner'  103
만병초 'Eidam' | Rhododendron 'Eidam'  103
만병초 'Humboldt' | Rhododendron 'Humboldt'  31, 103
만병초 'Johannes Rau' | Rhododendron 'Johannes Rau'  103
만병초 'Peter John Mezitt' | Rhododendron 'Peter John Mezitt'  76
만병초 'Praecox' | 만병초 '프라이콕스' | Rhododendron 'Praecox'  76
맥문동 | 맥문동 | Liriope muscari  210
모나르다 'Mrs. Perry' | Monarda 'Mrs. Perry'  175
모니에리석잠풀 'Hummelo' | 모니에리석잠풀 'Hummelo' | Stachys monieri 'Hummelo'  148
모란 | 모란 | Paeonia × suffruticosa  78, 91, 95, 133, 134
몬타눔알리섬 | 몬타눔알리섬 | Alyssum montanum  131
무고소나무 'Mops' | 무고소나무 'Mops' | Pinus mugo 'Mops'  94
무궁화 'Blue Bird/Oiseau bleu(파란 새)' | 무궁화 'Blue Bird/Oiseau bleu' | Hibiscus syriacus 'Blue Bird/Oiseau bleu'  28, 163
무리엘조릿대 | Fargesia murielae  85, 86
무스카리 | 무스카리속 | Muscari  86
미국능소화 | 미국능소화 | Campsis radicans  195
미국사슴뿔나무 | 김노클라두스 디오이쿠스 | Gymnocladus dioicus  121
미국산수유 | 미국산수유 | Cornus mas  59, 61, 70, 71, 73, 106
미국솜대 | 미국솜대 | Smilacina racemosa  61
미국수국 'Annabelle' | 미국수국 '애나벨' | Hydrangea arborescens 'Annabelle'  31, 33
미꾸리광이풀 | 미꾸리광이속 | Glyceria maxima  247
미르시니아대극 | 유포르비아 미르시니테스 | Euphorbia myrsinites  72, 238
미송 | 미송 | Pseudotsuga menziesii  48, 53, 63, 80, 98, 99, 121, 188
미역취 'Nana' | Solidago virgaurea 'Nana'  198

## ㅂ

바르바타나래새 | Stipa barbata  145
바위자스민봄맞이 | 바위자스민봄맞이 | Androsace carnea var. laggeri  243
백두산떡쑥 'Rubra' | 백두산떡쑥 '루브라' | Antennaria dioica 'Rubra'  241
뱀무 | 뱀무속 | Geum  243
버들마편초 | 버들마편초 | Verbena bonariensis  111, 113, 184, 197
버들잎해바라기 | 버들잎해바라기 | Helianthus salicifolius  202
버지니아갯지치 | 버지니아갯지치 | Mertensia virginica  61
버지니아냉초 'Album' | 버지니아냉초 'Album' | Veronicastrum virginicum 'Album'  142
버지니아냉초 'Lavendelturm' | 버지니아냉초 'Lavendelturm' | Veronicastrum virginicum 'Lavendelturm'  166
버지니아냉초 'Temptation' | 버지니아냉초 'Temptation' | Veronicastrum virginicum 'Temptation'  127, 136
베르노니아 | Vernonia crinita  175

베르누스크로커스 'Queen of the Blues' | 베르누스크로커스 'Queen of the Blues' | Crocus vernus 'Queen of the Blues'  245
베르바스쿰 | 베르바스쿰카이시 | Verbascum chaixii  142, 162
벤트리코사비비추 | 벤트리코사비비추 | Hosta ventricosa  139, 159
별꿩의밥 | 별꿩의밥 | Luzula pilosa  61
별히아신스 | 키오노독사 루킬리아이 | Chionodoxa luciliae  243
보라꽃방망이 | Synthyris stellata  61
보라망초 'Dunkelste Aller(가장 진한)' | Erigeron × cultorum 'Dunkelste Aller'  247
보라쿠션초롱꽃 'Stella' | 캄파눌라 포스카르스키아나 'Stella' | Campanula poscharskyana 'Stella'  113
복사초롱꽃 | 캄파눌라 페르시키폴리아 | Campanula persicifolia  171
복수초 | 복수초 | Adonis amurensis  59, 73
부들레야 'Nanho Blue' | 부들레야 'Nanho Blue' | Buddleja davidii 'Nanho Blue'  145, 218
분꽃나무 | 분꽃나무 | Viburnum carlesii  59, 84, 85, 86, 104
불란서국화 | 불란서국화 | Leucanthemum vulgare  208
붉은삼지구엽초 | 붉은삼지구엽초 | Epimedium × rubrum  110
붉은유럽할미꽃 | 붉은유럽할미꽃 | Pulsatilla vulgaris  59
붉은정원명아주 | Atriplex hortensis 'Rubra'  241
붉은조밥나물 | Hieracium rubrum  243
붉은쥐오줌풀 'Albus' | 켄트란투스 루베르 '알부스' | Centranthus ruber 'Albus'  107
붉은쥐오줌풀 'Angela' | Centranthus ruber 'Angela'  122
붉은쥐오줌풀 'Coccineus' | 켄트란투스 루베르 코키네우스 | Centranthus ruber var. coccineus  107
붓꽃(아이리스) | 붓꽃속 | Iris  55, 58, 126, 131
블러드카네이션 | Dianthus cruentus  243
블루무스카리 | 무스카리 아주레움 | Muscari azureum  243, 245
블루페스큐 | 블루페스큐 | Festuca glauca  245
비단여뀌 | Aconotum sericeum  121
비비추 | 비비추속 | Hosta  53, 126, 133, 137, 138, 139, 145, 159, 161, 187, 221
비비추 'Frances Williams' | Hosta 'Frances Williams'  137
비비추 'Fried Green Tomatoes' | Hosta 'Fried Green Tomatoes'  137
비비추 'Sum and Substance' | Hosta 'Sum and Substance'  137
뿔제비꽃 | Viola cornuta  148

## ㅅ

사순절장미 | 헬레보루스 오리엔탈리스 | Helleborus orientalis  61
사월금계국 | Senecio aureus  59
산미나리 'Variegata' | 산미나리 'Variegata' | Aegopodium podagraria 'Variegata'  110
산여뀌 'Johanniswolke(요한의 구름)' | Aconogonon speciosum 'Johanniswolke'  236, 237
산톨리나 | 산톨리나 로스마리니폴리아 | Santolina rosmarinifolia  146
살비아 'Berggarten(두메정원)' | Salvia 'Berggarten'  130, 231
살비아 'Grandiflora' | Salvia azurea 'Grandiflora'  201
새매발톱꽃 | 새매발톱꽃 | Aquilegia vulgaris  134
색삼지구엽초 'Sulphureum' | 색삼지구엽초 '술푸레움' | Epimedium ×

versicolor 'Sulphureum' 82, 83
서아시아부추 'Purple Sensation' | 서아시아부추 'Purple Sensation' | *Allium aflatunense* 'Purple Sensation' 112
서양딱총나무 | 서양딱총나무 | *Sambucus nigra* 25, 26, 29, 184
서양주목 | 서양주목 | *Taxus baccata* 31, 33
서양주목 'Dovastonii Aurea' | 서양주목 'Dovastonii Aurea' | *Taxus baccata* 'Dovastonii Aurea' 106
서양주목 'Overeynden' | 서양주목 'Overeynden' | *Taxus baccata* 'Overeynden' 26
서양톱풀 'Credo' | 서양톱풀 'Credo' | *Achillea millefolium* 'Credo' 143
서양톱풀 'Hela Glashoff' | 서양톱풀 'Hela Glashoff' | *Achillea millefolium* 'Hela Glashoff' 143
설강화 | 설강화 | *Galanthus nivalis* 63, 73
설구화 'Watanabe' | 설구화 'Watanabe' | *Viburnum plicatum* 'Watanabe' 187
섬공작고사리 | 섬공작고사리 | *Adiantum venustum* 160
세덤 | *Sedum spurium* 91
세르비카톱풀 | *Achillea serbica* 241
세슬레리아 | 세슬레리아속 | *Sesleria* 59, 71, 81
세실레연영초 | 세실레연영초 | *Trillium sessile* 61
세이지 | 세이지 | *Salvia officinalis* 129
솔리다현호색 | 솔리다현호색 | *Corydalis solida* 58, 78, 80
송이바꽃 'Arendsii' | 아코니툼 카르미카일리 'Arendsii' | *Aconitum carmichaelii* 'Arendsii' 198
쇠뜨기말풀 | 쇠뜨기말풀 | *Hippuris vulgaris* 172
수련 계열 튤립 | *Tulipa kaufmanniana* 243
수선화 | 수선화속 | *Narcissus* 59, 89
수선화 'February Gold' | *Narcissus* 'February Gold' 79
수선화 'Thalia' | *Narcissus* 'Thalia' 98
수염붓꽃 | *Iris* × *barbata* 223
수잔루드베키아 | 수잔루드베키아 | *Rudbeckia hirta* 240, 241
숙근제라늄 | 쥐손이풀속 | *Geranium, Geranium endressii* 53, 121, 133, 134, 229
숙근안개초 'Schleierflocke' | 숙근안개초 'Schleierflocke' | *Gypsophila aniculata* 'Schleierflocke' 170
숙근제라늄 'Biokovo' | 숙근제라늄 'Biokovo' | *Geranium* × *cantabrigiense* 'Biokovo' 121
숙근제라늄 'Cambridge' | 숙근제라늄 'Cambridge' | *Geranium* × *cantabrigiense* 'Cambridge' 121
숙근제라늄 'Tiny Monster' | 피뿌리쥐손이 'Tiny Monster' | *Geranium sanguineum* 'Tiny Monster' 145
숙근해바라기 'Lemon Queen' | *Helianthus microcephalus* 'Lemon Queen' 172
숙근형광제라늄 | *Geranium* × *magnificum* 133
숲꽃담배 | 숲꽃담배 | *Nicotiana sylvestris* 113, 114, 155, 178, 184, 190
스페니시세이지 | 스페니시세이지 | *Salvia lavandulifolia* 130
스페인블루벨 | 스페인블루벨 | *Hyacinthoides hispanica* 92
습지대극 | 유포르비아 팔루스트리스 | *Euphorbia palustris* 245
승마 'Atropurpurea' | *Cimicifuga ramosa* 'Atropurpurea' 159
실새풀 'Karl Foerster'('Stricta'에서 바뀜) | 실새풀 '칼 포에스터' | *Calamagrostis* × *acutiflora* 'Karl Foerster' 202, 206
싱아 | 싱아(이명) | *Polygonum polymorphum* 107, 127, 161, 173, 178

## ㅇ

아가베 | 용설란속 | *Agave* 19
아가판서스 | 아가판서스속 식물 | *Agapanthus* 114, 153, 178, 189, 190, 221, 229
아까시나무 | 아까시나무속 | *Robinia* 56
아르메니아무스카리 | 무스카리 아르메니아쿰 | *Muscari armeniacum* 243
아몬드대극 'Purpurea' | 유포르비아 아미그달로이데스 '푸르푸레아' | *Euphorbia amygdaloides* 'Purpurea' 79
아스터 | 참취속 | *Aster* 58, 111, 184, 197, 198, 201, 217, 221, 227
아스터 'Lady in Black' | *Aster lateriflorus* 'Lady in Black' 209
아스터 'Moench' | *Aster* × *frikartii* 'Moench' 209
아스터 'Treasure' | *Aster novae-angliae* 'Treasure' 198
아스터 'Alma' | *Aster* 'Alma' 193
아우브리에타 | 아우브리에타속 | *Aubrieta* 59, 61
아이비 | 아이비 | *Hedera helix* 63, 188
아주가 'Purpurea' | 아주가 'Purpurea' | *Ajuga reptans* 'Purpurea' 245
아카이나 부카나니 | *Acaena buchananii* 245
아프리카아가판서스 | 아프리카아가판서스 | *Agapanthus africanus* 145, 242
안개나무 'Royal Purple' | 안개나무 '로열 퍼플' | *Cotinus coggygria* 'Royal Purple' 145
안개아스터 'Ideal' | 아스테르 코르디폴리우스 'Ideal' | *Aster cordifolius* 'Ideal' 201
알리섬 | 알리섬 | *Lobularia maritima* 113, 181, 205
알리움 | 부추속 | *Allium* 27, 145, 159
알리움 'Globemaster' | *Allium* 'Globemaster' 90, 121, 123
알리움 젭다넨세 | *Allium zebdanense* 112
알리움 플라붐 | 알리움 플라붐 | *Allium flavum* 245
알케밀라 | 알케밀라속 | *Alchemilla* 145, 153, 172
알케밀라 몰리스(여인의 망토) | 알케밀라 몰리스 | *Alchemilla mollis* 134
알프스엉겅퀴 | 에린기움 알피눔 | *Eryngium alpinum* 238
애기기린초 | 애기기린초 | *Sedum middendorffianum* 245
애기루드베키아 | 애기루드베키아 | *Rudbeckia triloba* 175, 182, 184, 202, 242
앵도나무 | 앵도나무 | *Prunus tomentosa* 76
앵초 | *Primula* × *pruhoniciana* 76
야생 튤립 | 툴리파 휘탈리 | *Tulipa whittallii* 58, 91
야생 튤립 'Peppermint Stick' | 툴리파 클루시아나 'Peppermint Stick' | *Tulipa clusiana* 'Peppermint Stick' 90
양골담초 | *Cytisus decumbens* 245
양귀비 | *Papaver lateritium* 105
억새 | 억새속 | *Miscanthus* 54, 58, 63, 123, 178, 203, 218, 227, 229, 230, 231
에리카 | 에리카 카르네아 | *Erica carnea* 58, 63, 70, 71
에리카 'Alba' | 에리카 카르네아 'Alba' | *Erica carnea* 'Alba' 243
에리카 'Snow Queen' | 에리카 카르네아 '스노 퀸' | *Erica carnea* 'Snow Queen' 73
에리카 'Winter Beauty' | 에리카 카르네아 '윈터 뷰티' | *Erica carnea* 'Winter Beauty' 73, 74
에린기움 자벨리 'Violetta' | *Eryngium* × *zabelii* 'Violetta' 245
엘라타비비추 | 엘라타비비추 | *Hosta elata* 185
여뀌 'Alba' | *Persicaria amplexicaulis* 'Alba' 198

여뀌 'Firetail' | Persicaria amplexicaulis 'Firetail' 161, 162, 163, 178, 196
여름곰취 'Othelo' | 여름곰취 '오셀로' | Ligularia dentata 'Othelo' 182
여름마가렛 | Leucanthemum maximum 171
여름살비아 | 살비아 네모로사 | Salvia nemorosa 129, 130, 131
여름살비아 'Amethyst(자수정)' | Salvia nemorosa 'Amethyst' 130, 162
여름살비아 'Blauhügel(파란 언덕)' | Salvia nemorosa 'Blauhügel' 130
여름살비아 'Caradonna(숙명의 여인)' | Salvia nemorosa 'Caradonna' 130, 144
여름살비아 'Mainacht(5월의 밤)' | Salvia nemorosa 'Mainacht' 130
여름살비아 'Ostfreisland' | Salvia nemorosa 'Ostfreisland' 130, 247
여름살비아 'Rosakönigin(분홍 여왕)' | Salvia nemorosa 'Rosakönigin' 130
여름살비아 'Schneehügel(눈 쌓인 언덕)' | Salvia nemorosa 'Schneehügel' 130
여름살비아 'Tänzerin(무희)' | Salvia nemorosa 'Tänzerin' 130, 166
연노랑체꽃 | 연노랑체꽃 | Scabiosa ochroleuca 212
영국라벤더 | Lavandula × intermedia 146
영춘화 | 영춘화 | Jasminum nudiflorum 100, 221
오리엔탈양귀비 | 오리엔탈양귀비 | Papaver orientale 122, 130
오리엔탈양귀비 'Beauty of Livermeer' | 오리엔탈양귀비 'Beauty of Livermeer' | Papaver orientale 'Beauty of Livermeer' 133
오리엔탈양귀비 'Funkturm(송전탑)' | 오리엔탈양귀비 'Funkturm' | Papaver orientale 'Funkturm' 133
오리엔탈양귀비 'Lambada' | 오리엔탈양귀비 'Lambada' | Papaver orientale 'Lambada' 133
오리엔탈양귀비 'Rosenpokal(장미우승컵)' | 오리엔탈양귀비 'Rosenpokal' | Papaver orientale 'Rosenpokal' 133
오죽 'Boryana' | 오죽 '보리아나' | Phyllostachys nigra 'Boryana' 86, 145
옥잠화 | 옥잠화 | Hosta plantaginea 121, 133, 137, 139, 161
옥잠화 'Grandiflora' | 옥잠화 'Grandiflora' | Hosta plantaginea 'Grandiflora' 187
올림피아베르바스쿰 | Verbascum olympicum 154
용고사리 | 드리오프테리스 필릭스마스 | Dryopteris filix-mas 186
우단점나도나물 | 우단점나도나물 | Cerastium tomentosum 241
움브로사범의귀 | 삭시프라가 움브로사 | Saxifraga umbrosa 107
원추리 | 원추리속 | Hemerocallis 58, 117, 133, 142, 155, 156, 157, 159, 175, 221, 236, 237
원추리 'August Moon' | Hemerocallis 'August Moon' 175
원추리 'Bed of Roses' | Hemerocallis 'Bed of Roses' 155
원추리 'Berlin Flame(베를린의 불꽃)' | Hemerocallis 'Berlin Flame' 158
원추리 'Cartwheel' | Hemerocallis 'Cartwheel' 155
원추리 'Ed Murray' | Hemerocallis 'Ed Murray' 155, 160
원추리 'Edna Spalding' | Hemerocallis 'Edna Spalding' 158
원추리 'Hyperion' | Hemerocallis 'Hyperion' 155, 159, 174
원추리 'Jean' | Hemerocallis 'Jean' 155
원추리 'Knighthood' | Hemerocallis 'Knighthood' 159
원추리 'Maikönigin(오월의 여왕)' | Hemerocallis 'Maikönigin' 91
원추리 'Night Beacon' | Hemerocallis 'Night Beacon' 158
원추리 'Pink Damast' | Hemerocallis 'Pink Damast' 160
원추리 'Shining Plumage' | Hemerocallis 'Shining Plumage' 152, 174

원추리 'So Lovely' | Hemerocallis 'So Lovely' 155, 175
위실나무 | 위실나무 | Kolkwitzia amabilis 106, 107, 108, 117
윌슨매자나무 | 윌슨매자나무 | Berberis wilsoniae 145
유럽개암나무 'Contorta' | 유럽개암나무 '콘토르타' | Corylus avellana 'Contorta' 61, 78, 106, 187
유럽복수초 | 유럽복수초 | Adonis vernalis 59
유럽서어나무 | 유럽서어나무 | Carpinus betulus 31
유럽쥐똥나무 | 유럽쥐똥나무 | Ligustrum vulgare 25, 26, 27
유럽흑송 | 유럽흑송 | Pinus nigra 53
유카 | 유카속 | Yucca 77
은단풍 'Laciniatum Wieri' | 은단풍 'Laciniatum Wieri' | Acer saccharinum 'Laciniatum Wieri' 59, 188, 193
은동전풀 | 루나리아 아누아 | Lunaria annua 89, 102, 229
은빛긴꼬리풀 'Blauriesin(파란 거인)' | Veronica incana longifolia 'Blauriesin' 247
은빛긴꼬리풀 'Argentea' | 은빛긴꼬리풀 'Argentea' | Veronica incana 'Argentea' 241
은뻐꾹채 | 센토레아 풀케리마 | Centaurea pulcherrima 245
은청바랭이새 | 은청바랭이새 | Andropogon scoparius 231
이베리스 | 서양말냉이속 | Iberis 76
이삭여뀌 'Lance Corporal' | 이삭여뀌 'Lance Corporal' | Persicaria filiformis 'Lance Corporal' 187
이삭여뀌 'Painters Palette' | 이삭여뀌 'Painters Palette' | Persicaria filiformis 'Painters Palette' 187
인도나팔꽃 'Indica' | Ipomoea indica 114
일본피나물 | Hylomecon japonica 61
일본당단풍 | 일본당단풍 | Acer japonicum 114, 169, 209
일본당단풍 'Aconitifolium' | 일본당단풍 '아코니티폴리움' | Acer japonicum 'Aconitifolium' 76
일본당단풍 'Autumn Glory' | 일본당단풍 'Autumn Glory' | Acer japonicum 'Autumn Glory' 76, 204, 214, 215
일본매자나무 | 일본매자나무 | Berberis thunbergii 196
일본매자나무 'Nana' | 일본매자나무 'Nana' | Berberis thunbergii 'Nana' 245
잎갈나무 | 잎갈나무 | Larix gmelinii var. olgensis 53, 63, 188

## ㅈ

자리공 | 자리공 | Phytolacca acinosa 138, 142, 210
자이언트억새 | 참새 'Giganteus' | Miscanthus sinensis 'Giganteus' 118, 119
자이언트체꽃 | 케팔라리아 기간테아 | Cephalaria gigantea 118, 119
자주꿩의비름 | 자주꿩의비름 | Sedum telephium 144
자주꿩의비름 'Herbstfreude(가을의 기쁨)' | 자주꿩의비름 'Herbstfreude' | Sedum telephium 'Herbstfreude' 180, 181, 205
자주제라늄 | 제라늄 프실로스테몬 | Geranium psilostemon 134, 135
자주지치 | Buglossoides purpurocaerulea 53, 188
자주천인국 | 자주천인국 | Echinacea purpurea 63
자줏잎개승마 'Purpurea' | Cimicifuga ramosa 'Purpurea' 178
자줏잎초롱꽃 | 털휴케라 | Heuchera villosa 227, 238
자줏잎초롱꽃 'Chantilly' | 털휴케라 'Chantilly' | Heuchera villosa 'Chantilly' 187

자줏잎초롱꽃 'Palace Purple' | *Heuchera micrantha* 'Palace Purple' 244
자줏잎초롱꽃 'Plumpudding' | *Heuchera* 'Plumpudding' 187
작약 | 작약속 | *Paeonia* 55, 91, 121, 132, 133
작약 'Frau Luna(루나부인)' | *Paeonia* 'Frau Luna' 94
작약 튤립 'Georgette' | *Tulipa* 'Georgette' 91
작약 튤립 'Red Georgette' | *Tulipa* 'Red Georgette' 91
잔털루드베키아 | 잔털루드베키아 | *Rudbeckia subtomentosa* 175
장구채산마늘 | 장구채산마늘 | *Allium sphaerocephalon* 148
장미 | *Rosa* 31, 33, 58, 80, 102, 103, 104, 105, 122, 196
장미 'Alaska'(덩굴장미) | *Rosa* 'Alaska' 124
장미 'Angela'(관목장미) | *Rosa* 'Angela' 122, 127, 184, 201, 209
장미 'Bonica 82'(화단장미) | *Rosa* 'Bonica 82' 122, 130
장미 'Centenaire de Lourdes'(관목장미) | *Rosa* 'Centenaire de Lourdes' 122
장미 'Clair Martin'(관목장미) | *Rosa* 'Clair Martin' 123, 136
장미 'Frühlingsduft'(봄의 향기)'(관목장미) | *Rosa* 'Frühlingsduft' 104
장미 'Gloria Dei'(화단장미) | *Rosa* 'Gloria Dei' 60, 211
장미 'Gruss an Heidelberg(안녕, 하이델베르크)'(덩굴장미) | *Rosa* 'Gruss an Heidelberg' 28, 124
장미 'Heidelberg'(덩굴장미) | *Rosa* 'Heidelberg' 28
장미 'Heritage'(화단장미) | *Rosa* 'Heritage' 122
장미 'Ilse Krohn Superior'(덩굴장미) | *Rosa* 'Ilse Krohn Superior' 122, 201, 204
장미 'Lichtkönigin Lucia(빛의 여왕 루치아)'(관목장미) | *Rosa* 'Lichtkönigin Lucia' 244
장미 'Maigold'(공원장미) | *Rosa* 'Maigold' 3
장미 'Marguerite Hilling'(관목덤불장미) | *Rosa* 'Marguerite Hilling' 103, 116, 121
장미 'Mozart'(관목장미) | *Rosa* 'Mozart' 201
장미 'Nevada'(관목장미) | *Rosa* 'Nevada' 104
장미 'New Dawn'(덩굴장미) | *Rosa* 'New Dawn' 104
장미 'Papa Meilland'(화단장미) | *Rosa* 'Papa Meilland' 60
장미 'Romanze'(덩굴장미) | *Rosa* 'Romanze' 122, 145, 169
장미 'Sommerwind(여름 바람)'(화단관목장미) | *Rosa* 'Sommerwind' 184, 201
장미 'Stadt Hildesheim'(화단장미) | *Rosa* 'Stadt Hildesheim' 36
장미 'Vogelpark Walsrode'(발스로데조류공원)'(관목장미) | *Rosa* 'Vogelpark Walsrode' 134, 135
접시꽃목련 | 접시꽃목련 | *Magnolia × soulangeana* 31
젖빛무릇 | 무릇속 | *Barnardia* 110
제국패모 | 프리틸라리아 임페리알리스 | *Fritillaria imperialis* 245
제국패모 'Persica Ivory Bells' | 프리틸라리아 임페리알리스 'Persica Ivory Bells' | *Fritillaria imperialis* 'Persica Ivory Bells' 88
제라늄 '매직 랜턴' | *Pelargonium* 'Magic Lantern' 114
제비고깔 | 제비고깔속 | *Delphinium* 54, 55, 56, 58, 67, 121, 122, 125, 126, 129, 161, 176, 184, 221, 239
제비고깔 'Abgesang(마지막 노래)' | *Delphinium* 'Abgesang' 125, 238
제비고깔 'Augenweide(눈에 넣어도 아프지 않은)' | *Delphinium* 'Augenweide' 126
제비고깔 'Berghimmel(먼 산의 하늘)' | *Delphinium* 'Berghimmel' 125
제비고깔 'Finsteraarhorn(최고봉)' | *Delphinium* 'Finsteraarhorn' 125, 128, 242
제비고깔 'Glücksfund(우연한 발견)' | *Delphinium* 'Glücksfund' 242
제비고깔 'Jubelruf(환호성)' | *Delphinium* 'Jubelruf' 138, 238
제비고깔 'Klingsor(마왕)' | *Delphinium* 'Klingsor' 125
제비고깔 'Lanzenträger(창잡이)' | *Delphinium* 'Lanzenträger' 126, 128
제비고깔 'Morgentau(아침 이슬)' | *Delphinium* 'Morgentau' 19, 125
제비고깔 'Overtüre(서곡)' | *Delphinium* 'Overtüre' 128
제비고깔 'Polarfuchs(북극 여우)' | *Delphinium* 'Polarfuchs' 126
제비고깔 'Polarnacht(북극의 밤)' | *Delphinium* 'Polarnacht' 126
제비고깔 'Sopran(소프라노)' | *Delphinium* 'Sopran' 125, 242
제비고깔 'Tempelgong(산사의 종소리)' | *Delphinium* 'Tempelgong' 17, 18, 19, 125, 184
제비고깔 'Völkerfrieden(국제평화)' | *Delphinium grandiflorum* 'Völkerfrieden' 243
제비고깔 'Waldenburg(발덴부르크)' | *Delphinium* 'Waldenburg' 126
좀사철나무 | *Euonymus kiautschovicus* 100
좀쌀풀 | *Lysimachia nummularia* 145
좀새풀 | 좀새풀 | *Deschampsia cespitosa* 162
좁은잎풀모나리아 | 좁은잎풀모나리아 | *Pulmonaria angustifolia* 59
주름미역취 'Fireworks' | 주름미역취 '파이어웍스' | *Solidago rugosa* 'Fireworks' 198
줄사철나무 | 줄사철나무 | *Euonymus fortunei* var. *radicans* 247
중국등나무 | 중국등나무 | *Wisteria sinensis* 105
중국풍년화 | 중국풍년화 | *Hamamelis mollis* 226
지중해대극 | 유포르비아 카라키아스 | *Euphorbia characias* 77, 148, 185
지중해대극 울페니이 | 유포르비아 카라키아스 울페니이 | *Euphorbia characias* ssp. *Wulfenii* 24, 108
지중해산토끼꽃 | 디프사쿠스 풀로눔 | *Dipsacus fullonum* 189, 190, 238
진퍼리새 'Karl Foerster' | *Molinia arundinacea* 'Karl Foerster' 197, 227
쪽빛컴프리 | *Symphytum azureum* 112

## ㅊ

참억새 | 참억새 | *Miscanthus sinensis* 190, 200
참억새 'Flamingo' | 참억새 'Flamingo' | *Miscanthus sinensis* 'Flamingo' 197, 200
참억새 'Ghana' | *Miscathus sinensis* 'Ghana' 209
참억새 'Große Fontäne(대형 분수)' | 참억새 'Große Fontäne' | *Miscanthus sinensis* 'Große Fontäne' 201
참억새 'Haiku(하이쿠)' | *Miscanthus sinensis* 'Haiku' 221
참억새 'Kaskade' | 참억새 'Kaskade' | *Miscanthus sinensis* 'Kaskade' 208, 221
참억새 'Kleine Spinne(작은 거미)' | *Miscanthus sinensis* 'Kleine Spinne' 221
참억새 'Silberfeder(은빛깃털)' | *Miscanthus sinensis* 'Silberfeder' 77, 241
참억새 'Gracillimus' | 참억새 '그라킬리무스' | *Miscanthus sinensis* 'Gracillimus' 173
철쭉 | *Azalea* 53, 74, 247
청세이지 | *Salvia farinacea* 148, 162
춘추벚나무 'Accolade' | 춘추벚나무 'Accolade' | *Prunus subhirtella* 'Accolade' 31

## ㅋ

카마시아 | *Camassia caerulea* 102
칼라민타 네페타 | 칼라민타 네페타 | *Calamintha nepeta* 205
칼라민타 네페타 'Blue Cloud' | 칼라민타 네페타 'Blue Cloud' | *Calamintha nepeta* 'Blue Cloud' 210
칼라민타 그란디플로라 | 칼라민타 그란디플로라 | *Calamintha grandiflora* 122
캅카스물망초 | 브루네라 마크로필라 | *Brunnera macrophylla* 89, 100
캅카스물망초 'Blaukuppel(푸른돔)' | 브루네라 마크로필라 'Blaukuppel' | *Brunnera macrophylla* 'Blaukuppel' 243
캅카스장대나물 | *Arabis caucasica* 61
캅카스초롱꽃 'Blauer Zwerg(파란 난쟁이)' | *Campanula caucasica* 'Blauer Zwerg' 243
캐나다솔송나무 | 캐나다솔송나무 '펜돌라' | *Tsuga canadensis* 'Pendula' 58, 63, 121
캐시아미역취 | *Solidago caesia* 198
캐시아미역취 'Golden Fleece' | *Solidago caesia* 'Golden Fleece' 198
콜키쿰 | 콜키쿰 아우툼날레 | *Colchicum automnale* 47, 91, 199, 200, 201
쿠션패랭이꽃 'Eydangeri' | 쿠션패랭이꽃 'Eydangeri' | *Dianthus gratianopolitanus* 'Eydangeri' 104, 131, 136
쿨토룸금매화 'Lemon Queen' | 쿨토룸금매화 '레몬 퀸' | *Trollius* × *cultorum* 'Lemon Queen' 91
크로커스 | 크로커스속 | *Crocus* 58, 73, 80
크리스마스로즈 | 헬레보루스 니게르 | *Helleborus niger* 61, 76, 79, 247
큰개기장 | 큰개기장 | *Panicum virgatum* 205
큰까치수염 | 큰까치수염 | *Lysimachia clethroides* 227
큰꽃금계국 'Sunray' | 큰꽃금계국 'Sunray' | *Coreopsis grandiflora* 'Sunray' 183
큰꽃삼지구엽초 | 큰꽃삼지구엽초 | *Epimedium grandiflorum* 59
큰꽃연영초 | 큰꽃연영초 | *Trillium grandiflorum* 61
큰꿩의밥 | 큰꿩의밥 | *Luzula sylvatica* 212
큰등골나물 'Glutball' | *Eupatorium fistulosum* 'Glutball' 153, 155, 178, 185, 192, 194, 200, 201, 204, 217
큰비비추 'Elegans' | 큰비비추 'Elegans' | *Hosta sieboldiana* 'Elegans' 123, 137, 158, 221, 247
큰수련 'Marliacea' | *Nymphaea* 'Marliacea' 172
큰잎부들 | 큰잎부들 | *Typha latifolia* 173, 200
클라리세이지 | 클라리세이지 | *Salvia sclarea* 130
키오노독사 | 키오노독사속 | *Chionodoxa* 77
키트리나원추리 | 키트리나원추리 | *Hemerocallis citrina* 155

## ㅌ

태화우불라리아 | 우불라리아 그란디플로라 | *Uvularia grandiflora* 61
털대상화 | 털대상화 | *Anemone tomentosa* 63
털대상화 'Robustissima' | 털대상화 'Robustissima' | *Anemone tomentosa* 'Robustissima' 163
털대상화 'Serenade' | 털대상화 'Serenade' | *Anemone tomentosa* 'Serenade' 205
털좁쌀풀 'Firecracker' | 털좁쌀풀 '파이어크래커' | *Lysimachia ciliata* 'Firecracker' 163

투구꽃 | 투구꽃속 | *Aconitum* 159
투구꽃 'Spark's Variety' | *Aconitum* 'Spark's Variety' 159
튤립 | 산자고속 | *Tulipa* 86, 89, 222, 223
튤립 'Ballerina' | *Tulipa* 'Ballerina' 90
튤립 'Big Chief' | *Tulipa* 'Big Chief' 88, 112
튤립 'Blue Parrot' | *Tulipa* 'Blue Parrot' 89
튤립 'Ivory Floradale' | *Tulipa* 'Ivory Floradale' 90
튤립 'Maureen' | *Tulipa* 'Maureen' 92, 93
튤립 'Menton' | *Tulipa* 'Menton' 92, 93
튤립 'Negrita' | *Tulipa* 'Negrita' 89
튤립 'Prinses Irene' | *Tulipa* 'Prinses Irene' 89
튤립 'Queen of Night' | *Tulipa* 'Queen of Night' 90
튤립 'Sunny Prince' | *Tulipa* 'Sunny Prince' 88, 98
튤립 'Temple of Beauty' | *Tulipa* 'Temple of Beauty' 89, 90

## ㅍ

파란별무릇 | 실라 시베리카 | *Scilla siberica* 58, 77
파레리분꽃나무 | 비브르눔 패러리 | *Viburnum farreri* 197
팔리다붓꽃 | 이리스 팔리다 | *Iris pallida* 109
팜파스그래스 'Argentea' | 팜파스그래스 'Argentea' | *Cortaderia selloana* 'Argentea' 228
페로브스키아 | *Perovskia abrotanoides* 122
페루향수초 | 헬리오트로피움 | *Heliotropium arborescens* 117
페튜니아 | 페튜니아속 | *Petunia* 113
페퍼살비아 | *Salvia uliginosa* 198
푸시키니아 | *Puschikinia scilloides* var. *libanotica* 86
풀나리 | *Anthericum liliago* 128
풀명자 | *Chaenomeles japonica* 243
풀협죽도 | 풀협죽도속 | *Phlox, Phlox paniculata* 56, 58, 66, 67, 125, 126, 145, 161, 162, 164, 165, 167, 171, 176, 184, 221, 239
풀협죽도 'Amethyst(자수정)' | *Phlox* 'Amethyst' 167
풀협죽도 'Bornimer Nachsommer(보르님의 늦여름)' | *Phlox* 'Bornimer Nachsommer' 168
풀협죽도 'Duesterloh(어두운 불꽃)' | *Phlox* 'Duesterloh' 167
풀협죽도 'Eisberg(빙산)' | *Phlox* 'Eisberg' 168
풀협죽도 'Eva Foerster' | *Phlox* 'Eva Foerster' 164, 167
풀협죽도 'Fireball' | *Phlox* 'Fireball' 168
풀협죽도 'Freudenfeuer(기쁨의 불꽃)' | *Phlox* 'Freudenfeuer' 168
풀협죽도 'Fujiyama' | *Phlox* 'Fujiyama' 165, 168
풀협죽도 'Hochgesang(찬가)' | *Phlox* 'Hochgesang' 167
풀협죽도 'Juliglut(폭염)' | *Phlox* 'Juliglut' 167
풀협죽도 'Karminvorlaeufer(벽난로 앞 빨간 양탄자)' | *Phlox* 'Karminvorlaeufer' 167
풀협죽도 'Kirchenfürst(성직 영주)' | *Phlox paniculata* 'Kirchenfürst' 144
풀협죽도 'Kirschkoenig(체리왕)' | *Phlox* 'Kirschkoenig' 167
풀협죽도 'Lachsjuwel(연어살색 보물)' | *Phlox* 'Lachsjuwel' 167
풀협죽도 'Landhochzeit(시골 결혼식)' | *Phlox* 'Landhochzeit' 167
풀협죽도 'Ledivivus(재생)' | *Phlox* 'Ledivivus' 168
풀협죽도 'Morgengabe(아침 선물)' | *Phlox* 'Morgengabe' 168

풀협죽도 'Raureif(서리)' | Phlox 'Raureif' 168
풀협죽도 'Rosenberg(장미동산)' | Phlox 'Rosenberg' 168
풀협죽도 'Schneeferner(먼 산의 눈)' | Phlox 'Schneeferner' 167
풀협죽도 'Siegessaeule(승전탑)' | Phlox 'Siegessaeule' 167
풀협죽도 'Silberlachs(은어)' | Phlox 'Silberlachs' 167
풀협죽도 'Starfire' | Phlox 'Starfire' 167
풀협죽도 'Sternenhimmel(별이 빛나는 밤)' | Phlox 'Sternenhimmel' 167
풀협죽도 'Uspech(성공)' | Phlox 'Uspech' 168
풀협죽도 'Violetta Glloriosa' | Phlox 'Violetta Glloriosa' 166, 168
풀협죽도 'Wennschondennschon(그렇다면 이것으로)' | Phlox 'Wennschondennschon' 66, 165, 167, 171
풀협죽도 'Wolkenkratzer(마천루)' | Phlox 'Wolkenkratzer' 168
풀협죽도 'Wuerttembergia(뷔르템베르기아학생연맹)' | Phlox 'Wuerttembergia' 167
풍년화 | 풍년화속 | Hamamelis, Hamamelis japonica 72, 73, 221, 232
풍도둥글레 | 풍도둥굴레 | Polygonatum odoratum 61
풍접초 | 풍접초 | Cleome houtteana 111, 162, 178, 184
플룸바고 | 플룸바고속 | Plumbago 117, 194
피카리아미나리아재비 | 라넌큘러스 피카리아 | Ranunculus ficaria 76

## ㅎ

해변패랭이꽃 'Roseus' | 해변패랭이꽃 'Roseus' | Dianthus plumarius 'Roseus' 131
향기제비꽃 | 향기제비꽃 | Viola odorata 59, 61, 76
헝가리방패꽃 'Knallblau(쇼킹 블루)' | 헝가리방패꽃 'Knallblau' | Veronica teucrium 'Knallblau' 242
헬레니움 | 헬레니움속 | Helenium 67, 175, 176, 178, 239
헬레니움 'Feuersigel(낙인)' | Helenium 'Feuersigel' 176
헬레니움 'Flammendes Kaetchen(불타는 케이트)' | Helenium 'Flammendes Kaetchen' 176
헬레니움 'Goldrausch(황금광)' | Helenium 'Goldrausch' 176
헬레니움 'Kanaria(카나리새)' | Helenium 'Kanaria' 176
헬레니움 'Königstiger(벵갈호랑이)' | Helenium 'Königstiger' 176, 244
헬레니움 'Kupferstrudel(태양의 신부)' | Helenium 'Kupferstrudel' 67, 176
헬레니움 'Rauchtopas(황옥)' | Helenium 'Rauchtopas' 176, 178
헬레니움 'Rotkaeppchen(빨간 모자)' | Helenium 'Rotkaeppchen' 176
헬레니움 'Rubinschatz(루비)' | Helenium 'Rubinschatz' 176
헬레니움 'Septemberfuchs(9월 여우)' | Helenium 'Septemberfuchs' 176
헬레니움 'Wesergold(베저강의 금)' | Helenium 'Wesergold' 176
헬레니움 'Eldorado' | Helenium 'Eldorado' 178
헬리안테뭄 'Bronzeteppich(청동빛 양탄자)' | Helianthemum × cultorum 'Bronzeteppich' 244, 245
협죽도 | 협죽도 | Nerium oleander 114, 194
홍지네고사리 | Dryopteris erythrosora 160
홍화커런트 | 홍화커런트 | Ribes sanguineum 102
홑꽃장구채 'Weißkelchlein(작은 흰 컵)' | 실레네 우니플로라 'Weißkelchlein' | Silene uniflora 'Weißkelchlein' 243
황금대극 | 유포르비아 폴리크로마 | Euphorbia polychroma 59, 247
황금대극 'Purpurea' | 유포르비아 폴리크로마 'Purpurea' | Euphorbia polychroma 'Purpurea' 80
황금아스터 'Sunny Shine' | Chrysopsis villosa 'Sunny Shine' 201
황산앵초 | 프리물라 베리스 | Primula veris 59, 101
회양목 | 회양목속 | Buxus 51, 56, 134, 198, 222
후고니스장미(관목장미) | Rosa hugonis 80
후크시아 | Fuchsia, Fuchsia magellanica var. gracilis 145, 194
휴케렐라 | 휴케렐라속 | Heucherella 238
흰리본숲 'Weißer Zwerg(흰 꼬마)' | 이베리스 셈페르비렌스 'Weißer Zwerg' | Iberis sempervirens 'Weißer Zwerg' 59, 246
흰별무릇 | 옴벨라툼오니소갈룸 | Ornithogalum umbellatum 80, 97
히말라야떡쑥 | 히말라야떡쑥 | Anaphalis triplinervis 201
히말라야양지꽃 'Gibson's Scarlet' | 히말라야양지꽃 'Gibson's Scarlet' | Potentilla atrosanguinea 'Gibson's Scarlet' 243
히말라야오월사과 | 포도필룸 헥산드룸 'Majus' | Podophyllum hexandrum 'Majus' 61
히아신스 'Aiolos' | Hyacinthus orientalis 'Aiolos' 77
히아신스 'Black Jack' | Hyacinthus orientalis 'Black Jack' 77
히아신스 'Splendid Cornelia' | Hyacinthus orientalis 'Splendid Cornelia' 78

## 참고문헌

- Karl Foerster, 《Ein Garten der Erinnerung. Leben und Wirken von Karl Foerster(칼 푀르스터: 일곱 계절의 정원으로 남은 사람)》, Verlag Eugen Ulmer(2009), 나무도시(2013).
- Karl Foerster, 《Blauer Schatz der Gärten(정원의 파란 보물)》, Verlag Philipp Reclam(1940).
- Karl Foerster, 《Der neue Rittersporn: Geschichte einer Leidenschaft in Bildern and Erfahrungen(새로운 제비고깔꽃, 그림과 체험 기록으로 보는 열정의 역사)》, Verlag der Gartenschönheit(1929).
- Antonia Ridge, 《Die Rosenfamilien. Die Geschichte eines Lebens für die Rose(장미 가족, 장미를 위해 보낸 생의 기록)》, Ehrenwirth(1990).
- Karl Foerster, 《Der Steingarten der sieben Jahreszeiten(암석정원의 일곱 계절)》, Verlag der Gartenschönheit(1936).

## 사진

페르디난트 그라프 루크너 Ferdinand Graf Luckner
아카이브 사진:   독일 문화재보호재단 Deutsche Stiftung Denkmalschutz 산하 마리안네푀르스터재단
4~5쪽:   게리 로저스 Gary Rogers
42~43쪽 도면:   Freie Planungsgruppe Berlin

## 마리안네의 일곱 계절 정원 일기

| | |
|---|---|
| 글 | 마리안네 푀르스터 |
| 사진 | 페르디난트 그라프 루크너 |
| 번역 | 고정희 |
| | |
| 1판 1쇄 펴낸날 | 2025년 10월 31일 |
| 펴낸이 | 전은정 |
| 펴낸곳 | 목수책방 |
| 출판신고 | 제25100-2013-000021호 |
| | |
| 대표전화 | 070 8151 4255 |
| 팩시밀리 | 0303 3440 7277 |
| 이메일 | moonlittree@naver.com |
| 블로그 | blog.naver.com/moonlittree |
| 페이스북 인스타그램 | moksubooks |
| 스마트스토어 | smartstore.naver.com/moksubooks |
| | |
| 디자인 | 조희정 |
| 제작 | 야진북스 |
| | |
| ISBN | 979-11-88806-71-3 (03520) |
| 가격 | 25,000원 |

**Original title: Der Garten meines Vaters Karl Foerster:**
Bornimer Gartentagebuch in sieben Jahreszeiten by Ulrich Timm (Herausgeber), Marianne Foerster (Autor), Ferdinand Graf Luckner (Fotograf)
© 2024 by Prestel Verlag a division of Penguin Random House Verlagsgruppe GmbH, München, Germany
All rights reserved. No part of this book may be used or reproduced in any manner whatever without written permission except in the case of brief quotations embodied in critical articles or reviews.
Korean Translation Copyright © 2025 by Moksu Publishing Co.
Korean edition is published by arrangement with Penguin Random House Verlagsgruppe GmbH through BC Agency, Seoul

이 책의 한국어판 저작권은 BC에이전시를 통해 저작권사와 독점 계약을 맺은 '목수책방'에 있습니다.
저작권법에 의해 국내에서 보호를 받는 저작물이므로 무단 전재와 복제를 금합니다.